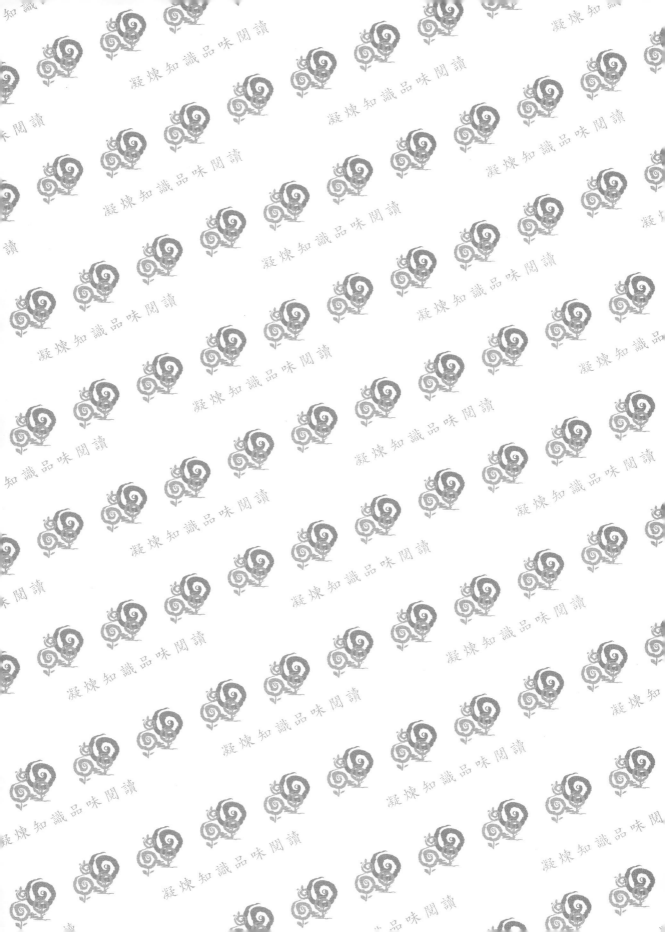

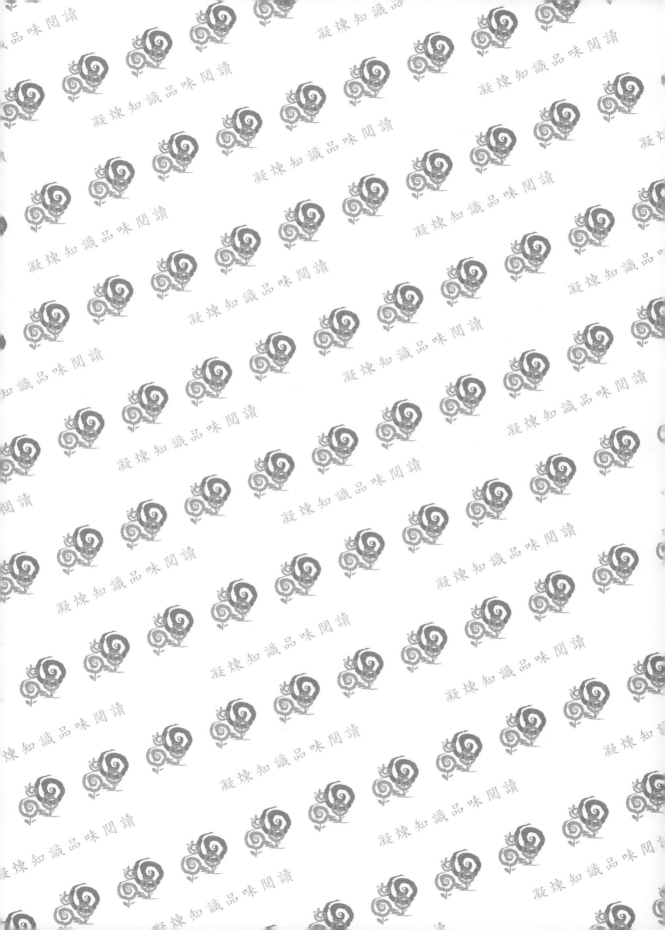

陳靜宜、王翰聰、林原佑　編著

動物營養學
▶▶▶▶▶ 實習指南

五南圖書出版公司 印行

CONTENTS · 目錄

PART　1

實習進度與樣品處理

01. 實驗室安全

一、一般性防護及注意事項

（一）安全眼鏡

在實驗室中爲了避免揮發性氣體或腐蝕性化學藥品直接傷害眼睛，並且避免碎玻璃或固體碎粒飛入，最好戴安全眼鏡。

（二）火災

揮發性、易燃性的有機溶劑易引起火災，如乙醚、石油醚、苯、丙酮、酒精等，故應遠離火口；二氯甲烷（b.p. 40℃）爲安全溶劑，四氯化碳爲不燃性，但二硫化碳極易燃燒（甚至僅爲熱的管子），對於無工作經驗者，絕對禁止使用。

實驗室須置備滅火器、電器設備，二氧化碳（CO_2）滅火器，粉末狀碳酸氫鈉適用於油脂及液體燃燒時滅火，四氯化碳之滅火器使用普遍，但使用時易產生毒性氣體。衣服起火時避免奔跑，立刻滾倒在地爲最有效之個人滅火法，或是用溫布、厚重衣物蓋熄，或以二氧化碳滅火器撲滅，但切勿使用四氯化碳滅火器。輕微二、三級燒傷利用消毒紗布、肥皂清水洗溼，敷以凡士林油，一級火傷立刻就醫，使傷者保持溫暖、安靜以避免休克。

（三）傷害及化學的灼傷

1. 試劑進入眼睛：立刻以大量清水沖洗，利用洗眼器沖洗，避免揉眼睛，洗後仍不舒服則必須就醫。
2. 試劑沾及皮膚：
   (1) 酸類：立刻用大量清水沖洗，至少浸於清水 3 小時，再敷以凡士林。
   (2) 鹼類：同酸，後以硼酸軟膏敷之。

(3) 溴：大量清水沖洗，然後將患部浸於 10% 之硫代硫酸鈉，或是以浸有硫代硫酸鈉之紗布包紮。

(4) 有機物：大部分可用酒精清洗除去皮膚上之有機物，然後用肥皂水洗滌。若是皮膚被灼紅則將患部浸於水中 3 小時，然後以硼酸軟膏敷之。

3. 割傷：以消毒棉沾肥皂水清洗之，用消毒紗布包紮，保持乾燥。

（四）玻璃器具清洗及乾燥

1. 玻璃器具使用後應即洗淨，因為有些膠質或黏稠物在變硬前易除去。

2. 非水溶性之有機物或膠質用溫水輕刷容易除去，用硝酸做洗液時非常危險，因其與許多有機化合物易引起爆炸反應。

3. 除去膠質時，先倒出內容物後刮除之（切勿將膠質或固體廢棄物傾倒於水槽中），然後以 10-20 mL 丙酮或苯（此二溶劑對除膠質有效，酒精則否）倒入靜置 5-10 分鐘，在水浴上（勿直接）加熱可增加效果，注意防範此溶劑溢出，會起火。

4. 最佳乾燥玻璃器具之方法，為倒置過夜；燒杯及燒瓶翻轉過來晾乾，試管及小漏斗倒置於鋪有擦手紙的大燒杯內。若是為求乾燥迅速，則以 1-2 份不超過 10 mL 的丙酮清洗。

附註：壓縮機打出之空氣不可作為乾燥使用，由於其中可能含有飽和水分，甚至油粒。

（五）玻璃器皿連接

　　具有可互換圓形玻璃接頭之器具，接頭部分特別注意腐蝕性的液體或氣體（如氯磺酸、三氧化磷、溴水、硝酸等），反應物中如含有此等物質時應蒸餾之或稀釋之。在組合圓形接頭時首要注意的是其上不留任何粒狀物，以免接合時刻傷表面，最好在連接前用溫布或油紙輕拭。

　　潤滑油在下列情況下方使用：

1. 當裝置加熱溫度超過 150℃。

2. 接頭部分可能與強鹼接觸時。

3. 當裝置須抽真空時。

4. 當表面須旋轉使用時，正確加潤滑油之法是置幾點於玻璃表面，然後前後旋轉使成薄膜，避免溢出汙染反應物或生成物質，若需加入液狀物時，必先除去油。不使用時要除去潤滑油，通常碳氫化合物之潤滑油以丙酮、四氯化碳或其他有機溶劑除之。除了特殊裝置需要外，千萬別用硅（矽）製成之潤滑油，會造成洗滌上之困擾。

（六）玻璃管彎曲法

1. 以三角銼刀或劃玻器輕劃玻璃表面，然後敷以布類以大拇指往銼痕相反方向加壓折斷。

2. 玻璃管或棒端呈犬牙不規則狀，以適當火烤使之圓滑。

3. 欲得圓滑的彎曲玻璃管，則必須調節火焰至閃亮程度，火焰頂端如翼（魚尾）狀。

4. 為避免灼手、易操作，則先彎曲至某寬度後，再切至所欲長度。

（七）軟木塞及橡皮塞之鑽孔

對有機化合物通常軟木塞為佳，因為熱的有機液體或氣體易使橡皮塞變軟或膨脹，並且常易從橡皮塞中浸出硫化物。軟木塞雖不具此缺點但亦有其限制：如與鹵素、鹵酸、硝酸、硫酸、強鹼及長時間和高沸點之有機溶劑氣體接觸易使軟木塞分解，當軟木塞硬化時必須更換。

1. 選擇一僅能塞進瓶口一短距離之軟木塞。

2. 鑽孔前揉軟塞子，使塞子尺寸縮小至可塞進 1/2 至 1/3。

3. 選擇較所欲打的孔為小尺寸的鑽頭。

4. 先從較大的一面打孔，注意勿將軟木塞抵住案面或硬物上，以防變形。

5. 當鑽進一半時取出鑽頭，除去塞子，從另一面繼續鑽孔，孔打好後，以小圓形銼使孔內部圓滑。

6. 玻璃管壁沾溼，近軟木塞處執住玻璃管慢慢以旋轉方式推進，若是執住部位太遠或推進太急促易斷裂。

7. 橡皮塞之鑽孔較軟木塞為難，鑽頭先以異丙醇或是甘油潤滑慢慢加壓鑽孔。

8. 玻璃管壁及橡皮塞孔內塗以潤滑油則易裝入。

9. 使用完畢後，取出玻璃管等裝置，以免黏住，橡皮塞保存於水中可免硬化。

（八）洗瓶、滴管等

　　洗瓶 500 mL 盛水，125、250 mL 裝如丙酮、酒精、苯等有機溶劑，如二甲亞或二甲基甲醯胺等強有機溶劑，則以弗羅倫斯燒瓶、玻璃管及栓塞組成之洗瓶盛之，小吸管及滴管可用玻璃管拉成，切去尖端細小部分，經火，使大小為每 mL 約 20-30 滴。

二、化學藥品（常用部分）注意事項

（一）酸類

　　當煮酸液或使用易生煙之酸液時需使用抽氣櫥為之，通常稀釋酸液時均是加酸入水中，除非有特別說明。

1. 醋酸、冰醋酸：與鉻酸及其他氧化物易生強烈反應，故需戴手套及面罩為之。

2. 鉻酸、過鉻酸：與冰醋酸、醋酸、乙酸乙酯、異戊醇、苯甲醛起強烈反應，與乙二醇、呋喃醛、甘油、甲醇反應較溫和。

3. 甲酸、過甲酸：為強還原劑，與氧化劑強烈反應，刺激皮膚灼傷起水泡，當傾出時會噴起炸濺，故需戴面罩及手套。

4. 氫氟酸：與氨接觸很危險，會引起皮膚劇痛，灼傷眼睛。

5. 硝酸：與苯胺（Aniline）、聯胺（Hydrazine）及金屬粉末〔特別是鋅（Zn）、鋁（Al）、鎂（Mg）〕起強烈作用，氣體狀硝酸氧化物傷肺，濃硝酸與濃鹽酸混合時產生濃煙，需用抽風裝置除之。

6. 草酸：與銀、汞生成易炸性化合物，草酸鹽具毒性避免觸及、吸入。

7. 過氯酸：與易氧化或可燃物、還原劑作用會起火爆炸，使用時注意下列事項：

   (1) 溢出之過氯酸立刻以大量清水沖洗除去。

   (2) 必須有抽風裝置，其材料須以不易起化學反應者，在設計時需考慮，在使用後可以大量水沖洗。

(3) 用厚手套、面罩等防護設備。

(4) 與過氯酸在液體狀態下易燃者，須先以硝酸將樣品表面易氧化之有機物除去，液體溶液切勿蒸至乾。

(5) 過氯酸溶劑與強脫水劑，如五氧化二磷或濃硫酸作用會生成無水過氯酸，易爆炸。特別是濃度大於 72% 時，震動或加熱非常危險。

8. 苦味酸：在乾燥狀態下對震搖非常敏感，與金屬及氨作用產生苦味酸鹽，較苦味酸更具敏感性，會刺激皮膚及眼睛。

9. 硫酸：加硫酸於水中。

（二）鹼類

會灼傷皮膚、眼睛及呼吸系統，故利用抽氣櫥設備以避免吸入。

1. 氯：具強腐蝕性，注意保護皮膚、眼睛及呼吸道，其氣體具可燃性與強氧化劑，與鹵素及強酸作用非常激烈。

2. 氨水：腐蝕性液體，與銀、鉛、鋅等重金屬及鹵素形成易爆炸化合物。

3. 鈉（Na）、鉀（K）、鋰（Li）、鈣（Ca）金屬與水、二氧化碳、鹵素、強酸、氯化之碳水化合物劇烈作用，燃燒時放出腐蝕性氣體會引起嚴重灼傷，當配製鈉酸液時需以無水酒精泡製，以鈉等金屬一次一些加入。

4. 氧化鈣：強烈腐蝕性，與水劇烈反應。

（三）有機溶劑

廢棄有機溶劑勿混合。

1. 易燃性有機溶劑：勿使溶劑氣體之密度超過可燃之程度，否則任何一小火，甚至是靜電之火花亦可引起火災，使用抽風裝置除之。

2. 毒性有機溶劑：可參考

Gleason Gosselin and Hodge "*Chemical Toxicology of Commercial Products*" (1963).

N. V. Steere "*Handbook of Laboratory Safety*" (1967).

（四）特別注意的化學藥品

1. 丙酮：其高可燃性，與氧化劑生成易爆炸之過氧化物，勿與氯仿混合。

2. 乙醚：避光貯存，在瓶中受陽光照射形成不安定的過氧化物，與強氧化劑、氯、臭氧、$LiAlH_4$ 接觸時作用劇烈，易燃，避免靜電。

3. 氯仿：吸入有害，加熱分解生成光氣，與鋁、鎂、鈉、鉀、二矽甲烷、丙酮、氫氧化鈉加甲醇反應劇烈。

4. 甲醛：長期暴露於甲醛，刺激皮膚、眼睛、呼吸道之黏膜紅腫。

5. 硫化氫：與氧化物氣體、硝酸煙、過氧化鈉混合極危險，劇毒。

6. 過氧化物：如過氧化氫（30% 強度）具危險性，會引起嚴重燃燒，在有機物如紙或布上乾燥過氧化氫會引起劇烈的燃燒。銅、鐵、鉻等金屬及其鹽類會催化過氧化氫的分解，與可燃液體，苯胺、硝基苯接觸危險，貯存時瓶蓋需具細孔。

7. 硝酸銀：為強氧化劑，強腐蝕性，固體及其灰塵對眼有害。

（五）實驗室廢液分類與貯存

1. 需依照成分、特性分門別類加以貯存，此舉有三個目的：

   (1) 便於處理：各種廢液化性、毒性迥異，處理方法也各不同，為了便於日後的處理，需依其特性加以分類。

   (2) 避免危險：廢液如任意混合，極易造成不可預知的危險，例如：氰化鉀（KCN）倒入酸液中，會產生劇毒的氰酸（HCN）氣體；鋅（Zn）放入酸液中會產生易爆性的氫氣（H_2）；疊氮化鈉（NaN_3）和銅接觸會產生爆炸性的疊氮化銅（$Cu(N_3)_2$）。

   (3) 降低處理成本：分類不清、標示不明的廢液謂之不明廢液，不明廢液處理前需經過檢測分析，確定成分後才能加以處理。廢液中如含有二種以上毒性物質者，其處理程序也會較為複雜，相對的處理成本也將增加。

2. 實驗室廢液經分類後，未能及時處理者需加以收集和暫存，不相容者切不可混在一起，所謂不相容表示（表 1-1）：

   (1) 兩物相混合會有大量熱量產生。

(2) 兩物相混合會有激烈反應產生。

(3) 兩物相混合會有燃燒產生。

(4) 兩物相混合會有毒氣產生。

(5) 兩物相混合會有爆炸物產生。

不相容的實驗室廢液應分別收集，收集後也應分開貯存。

3. 實驗室廢液根據分類標準收集後，需移至暫存區貯存，貯存時需考慮相容性的問題，以分類標準而言，貯存原則如下：

(1) 水反應性類需單獨貯存。

(2) 空氣反應性類需單獨貯存。

(3) 氧化劑類需單獨貯存。

(4) 氧化劑與還原劑需分開貯存。

(5) 酸液與鹼液需分開貯存。

(6) 氰系類與酸液需分開貯存。

(7) 含硫類與酸液需分開貯存。

(8) 碳氫類溶劑與鹵素類溶劑需分開貯存。

表 1-1　實驗室廢液相容表

反應類編號	反應類編號		
1	酸、礦物（非氧化物）	1	
2	酸、礦物（氧化物）	2	
3	有機酸	3	
4	醇類、二元醇類和酸類	4	
5	農藥、石棉等有毒物質	5	
6	醯胺類	6	
7	胺、脂肪族、芳香族	7	
8	偶氮化合物、重氮化合物和聯胺	8	
9	水	9	
10	鹼	10	
11	氰化物、硫化物和氟化物	11	
12	二磺氨機碳酸鹽	12	
13	酯類、醚類、酮類	13	
14	易爆物（註一）	14	
15	強氧化劑（註二）	15	
16	烴類、芳香族、不飽和烴	16	
17	鹵化有機物	17	
18	一般金屬	18	
19	鋁、鉀、鋰、鎂、鈣、鈉等易燃金屬	19	

說明

反應顏色	結果
	產生熱
	起火
	產生無毒性和不易燃性氣體
	產生有毒氣體
	產生易燃氣體
	爆炸
	劇烈聚合作用
	或許有危害性但不穩定

範例

	產生熱起火和毒性氣體

廢液之貯存除應考慮容器與廢液之相容性外，更應注意廢液間之相容問體，不具相容性之廢液應分別貯存。

註一：易爆物包括溶劑、廢棄爆炸物、石油廢棄物等。

註二：強氧化劑包括鉻酸、氯酸、雙氧水、硝酸、高錳酸等。

實驗室安全守則及注意事項

一、實驗室應有的防護設備

1. 安全出口：不能堆放任何物品以便緊急時快速逃生。
2. 滅火器：應定時檢查，標示位置並確實演習使用。
3. 沖洗、洗眼裝置：隨時檢查，確保可以使用。
4. 吸附劑：化學藥品不慎翻倒時，應先使用吸附劑，再加以處理。
5. 自動消防偵測系統：夜間或無人實驗時應確實檢查實驗室所有的電源是否在安全的狀態下使用，應有自動消防偵測系統以確保實驗室安全。
6. 斷電照明燈：萬一斷電時應先將儀器電源關閉，並有斷電照明燈以便照明。
7. 有機溶劑抽氣櫃：操作揮發性、有毒氣體時，均應在抽氣櫃內操作。

二、個人防護

1. 每次實驗皆應使用阻隔物保護實驗者本身的安全，以避免黏膜或皮膚接觸實驗樣品及化學藥品遭受傷害。阻隔物的種類則視不同的實驗處理及步驟而有所不同，故每次實驗前必須依實驗的步驟、項目等，事先建立正確與完善的防護措施與態度。
2. 雖然實驗室中備有洗眼器等基本急救設備，但其功能僅是為了便於送醫前能做一些簡單、緊急的處理，故在意外發生後必須於緊急處理後送醫醫治。

三、基本個人防護裝備

1. 實驗衣（以純棉為佳，長度應過膝）、護目鏡：於實驗過程中應至少穿著實驗衣，且應穿著適當的衣物（勿著短裙、短褲、涼鞋），並視狀況另佩帶口罩、護目鏡等防護用具，以預防接觸實驗樣品或化學藥品，而遭受汙染或受傷。除了穿著實驗衣及佩帶防護器具之外，暴露的皮膚、眼睛等若已接觸到化學藥品，應該立刻以大量清水沖洗後送醫。

2. 手套：如果實驗過程中必須操作到體液、血液、危險菌種或其他腐蝕性、灼傷性及有毒藥劑時，應戴手套進行操作，以降低接觸的機率。但是要注意不可以戴著手套接觸任何非實驗用物品或離開實驗室，以免將實驗中的樣品或化學藥品汙染至其他物品上，而使不知情的人遭受傷害。

四、個人防護應有態度及注意事項

實驗室為實驗進行的場所，在進行實驗操作時操作者需有事先的心理準備及養成正確的實驗態度與習慣，以避免在實驗進行中發生不必要的危險。

1. 洗手：實驗操作結束後（包括除去手套後）或離開實驗室之前，均應立刻以清潔劑或至少以肥皂洗手。

2. 不得飲食：實驗室有許多化學藥品，有些具有高度的毒性，在實驗室中無論實驗是否正在進行，都應避免飲食，避免誤食化學藥劑而中毒。

3. 不得吸菸：實驗室中有許多易燃的化學藥劑，應嚴格避免火源，以免發生火災。

4. 不得化妝戴飾物：實驗室中有些藥品會經由皮膚進入人體，有些藥品對眼睛具有決定性的傷害，所以在實驗室中嚴禁化妝與戴飾物，如長耳環、戒指、手鐲，在實驗進行中手錶也最好暫時收起，而以專用計時器取代計時。

5. 頭髮：實驗進行中，長髮者應將頭髮束好固定腦後，不得長髮披肩，或髮辮置於身前。

五、意外緊急處理

1. 酸（如硝酸、鹽酸、硫酸、磷酸、酚及氫氟酸等）或鹼（如氫氧化鈉、氫氧化鉀、氨水等）濺到皮膚時

   (1) 要以最快的速度跑到最近的水龍頭或水源，用柔和的水流不斷地沖洗，將殘留的化學藥品盡量沖洗乾淨。

   (2) 迅速送醫治療。

2. 化學藥品、電或熱等之燙傷及燒傷時

    (1) 快速移除燒、燙傷之因素外，並用大量的水來沖燙、燒傷處大約 15 分鐘以移除熱量。

    (2) 用乾淨紗布包紮起來，至少要四層以上以防止感染，切勿以手、衣服或其他不潔之物品再接觸傷口。

    (3) 不要急於塗上油質之藥膏，更不可用土方如草藥、漿糊、牙膏、醋或醬油亂塗傷口，如此不但加重病人痛苦且反而增加發炎機會，致日後留下疤痕。

    (4) 保持傷者的安靜與保暖，預防休克之發生。

    (5) 送醫。

3. 化學藥品濺到眼睛時

    (1) 用大量的清水沖洗眼睛，眼睛在沖洗之後，不必罩起來，只要用毛巾將水吸乾，任它流淚（眼淚有消毒作用）以排除化學藥品。

    (2) 送醫之前，千萬不要塗或點任何藥物，並且記得把侵入眼睛之化學藥品盒子、瓶子或標籤帶給醫生，以利就診治療。

02. 實驗室內樣品處理

一、前言

　　飼料或其原料自倉儲、運輸工具或生產地區採回後，需經過適當的樣品處理，方可進行一般或微量成分分析及品質管制措施，因而樣品處理是第一步的工作，將直接關係到以後分析結果的準確性以及品質管制的良窳。

二、解釋名詞

1. 化驗室樣品（Laboratory sample）：由大量樣品中酌量縮小，所取得足以代表一批商品品質之樣品，可供化驗分析者，其重量約 500 g。
2. 分析用樣品（Sample for analysis）：由化驗室樣品中用取樣器或四分法（圖1-1），取得之具代表性之小量樣品。
3. 測試樣品（Test sample）：從化驗室樣品或分析用樣品中取得，經研磨、脫脂、乾燥等處理，僅供測試之部分樣品。

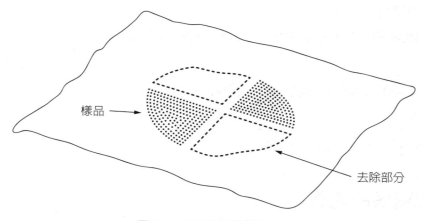

圖 1-1　四分法採樣示意圖

三、大宗樣品抽樣

1. 散裝卡車：使用抽樣錐自每車 5-10 個不同角落處採樣置於樣品容器中混合之。
2. 袋裝飼料：使用探針（Probe）自 10% 袋數的飼料逢機抽取置於樣品容器中混合之。
3. 液體原料（Tank Car）：使用液體抽樣器自罐槽車抽取約 3 L 樣品。桶裝液體原料自 10% 的桶數抽取樣品混合之。

四、飼料原料或混合飼料樣品處理

　　由整批抽取的飼料樣品混合攪拌均勻，採取至少 500 g 樣品，以四分法採取供化驗所需的量，以 Wiley mill 粉碎機粉碎，使通過 20 mesh（1 mm）篩網，混合均勻後，裝盛於兩個樣品瓶中，一供分析用，另一備用。

五、注意事項

1. 需將粉碎機內清理出的殘留物與已粉碎之試樣混合置於樣品瓶內。
2. 在粉碎過程中，尤其是玉米，需注意粉碎時產生的高熱，易使黏著於粉碎機座內，而影響樣品成分。
3. 需加以控制進料速度，以免因太多量，粉碎機負荷過重而生熱，也可能使隔絕玻璃破裂。
4. 切勿以手指將進料口之樣品驅迫入粉碎機座內，務必用木質物，以免粉碎刀受損。
5. 較粗的粒料，則先以預磨機預磨。

六、芻料樣品處理

1. 取樣量：由農家整堆副產品中採樣，每袋需 2 kg 左右。

2. 處理：放入塑膠袋中，密封，當場秤重，並在袋上或袋內註明名稱、採集地點、時間、姓名；如未當場秤重，則密封的塑膠袋應取回實驗室冷藏。

3. 秤重：自冰箱內取出的樣品，應在室溫下平衡（半日左右）。

4. 預處理：將樣品剪碎、剪短、剪薄，因已秤重，故不可遺漏。

5. 烘乾：將樣品放入盛裝容器內，放入大型抽氣烘箱內，在 75℃ 開始烘乾水分，時間 20 小時以上，烘乾過程中需翻動。

6. 平衡：以手觸感到脆、乾的樣品，取出置於室溫下，以紙覆蓋，進行平衡約 3 小時。

7. 秤重：秤至穩定，恆重。

8. 磨細：可先以大型粉碎機磨，再以 20 mesh（1 mm）的 Wiley mill 進行磨細。開始時，先以一部分樣品磨細，此部分不用，作為清洗機器內部之用。

9. 平衡：已粉碎的樣品，倒出置於室溫中 1.5-2 小時。

10. 貯存：每一樣品，於袋內混勻後，取足夠分析量（200 g），放入有蓋的瓶內，旋緊瓶口，放入室溫中的樣品櫥內，餘下的以塑膠袋裝填輕壓出袋內的空氣，放入冰箱內備用。

附註：瓶上或袋上都要註明樣品名稱、採集地點、採集者、時間等明細資料。

七、化驗室樣品取樣量

化驗室樣品取樣量，依樣品之物理特性、內容物大小或均質度差異而有所不同，其規定如下：

1. 芻料取樣：芻料樣品如青草、豆類、菜葉、根莖類、青貯料、溼性農產副產品、玉米穗軸等，最少取樣量為 1,000 g。乾草、草稈或乾漿類，最少取樣量為 500 g。

2. 動物性飼料、植物性飼料、配合飼料與乳製品取樣

   (1) 動物性飼料（如魚粉、魚骨粉、蝦殼粉、肉骨粉、羽毛粉、血粉、骨粉等）或製油工業副產品（如大豆粕、花生粕、亞麻籽粕、菜籽粕、胡麻粕、紅花籽粕、棉籽粕等），其最少取樣量為 1,000 g。

   (2) 植物性飼料，穀物處理業副產品、澱粉業、釀酵業，及製糖業副產品，如飼

料用米糠、麩皮、醬油粕、玉米粉、玉米餅、飼料用銀合歡粉、狼尾草粉、大麥糠、苜蓿粉等,最少取樣量為 500 g。

(3) 配合飼料與乳製品,最少取樣量為 500 g。

3. 穀物、豆類及種子類取樣

(1) 穀物、豆類、小型油籽及小型果實類,最少取樣量為 1,000 g。

(2) 大型油籽及其他大型果實類,最少取樣量為 2,500 g。

(3) 乾椰子及類似產品,最少取樣量為 6,000 g。

4. 礦物性飼料、飼料添加物類取樣

(1) 礦物性飼料,如碳酸鈣粉、貝殼粉、磷酸鈣等,最少取樣為 250 g。

(2) 飼料添加物類,如抗生素、維生素、荷爾蒙、砷類、無機鹽類、飼料級離胺酸、甲硫胺酸、乳酸菌類、酵素類、飼料用香料等添加物,最少取樣量為 250 g。

5. 油脂、糖蜜及飼料用漿液類取樣

(1) 油脂類最少取樣量為 250 g。

(2) 糖蜜及其他飼料用漿液類,最少取樣量為 1,000 g。

03. 飼料成分之定量分析

一、一般成分分析

　　飼料成分可分成六部分，為水分、乙醚抽出物、粗纖維、粗蛋白質、粗灰分及無氮抽出物。前五項為一般之化學成分分析，而無氮抽出物可用 100 減去前五項而計算得值。粗纖維和無氮抽出物之和為總碳水化合物。

　　化學分析飼料所用之測試樣品，先經取樣（CNS 2770-1）及採樣、粉碎等樣品之製備（CNS 2770-2）後再行一般成分分析。

（一）水分

　　依據中國國家標準法 CNS 2770-3 測定之，因其測定是在大氣壓力之下，於烘箱高於 100℃乾燥至恆溫，故所減少之部分包括水分、揮發性有機酸（如青貯料）及某些於 70℃以上易於分解之醣類，故當飼料中水分含量檢驗結果有分歧時，以減壓乾燥法為準。

　　當飼料含水分高時，其他的成分則會相對降低，故比較不同飼料之營養價值時，應調整其水分含量相同或以乾物質為基準。飼料含水分太高時容易生霉而不易保存。一般需乾燥至水分 13% 以下，若要貯存溼式新鮮飼料時，則宜保存於去氧狀況下或加有機酸，如作成青貯料。

（二）粗脂肪（乙醚抽出物）

　　由乙醚所浸出飼料中之成分（CNS 2770-4）主要為油脂，但可溶於乙醚之物質亦被算為粗脂肪，因此其內容包括脂溶性維生素、固醇類、游離脂肪酸、色素、揮發性油、植物鹼類及樹脂等，後四者並不屬於營養素，而維生素、固醇類無提供能量之價值，故粗脂肪之飼料價值並不成定數，但一般而言，飼料含 1 g 粗脂肪，約含 9.35 kcal 之粗熱能或約為 9 kcal 代謝能，而蛋白質和碳水化合物之粗熱能只有 4-5 kcal/g。

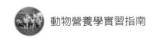

（三）粗纖維

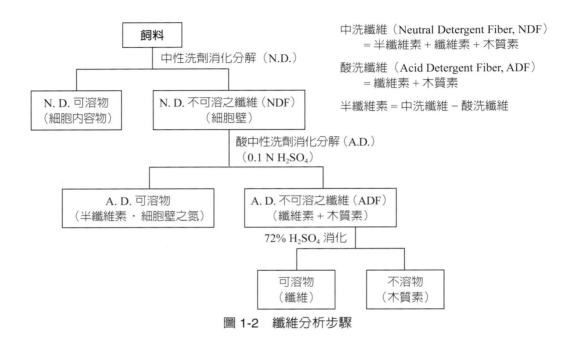

圖 1-2　纖維分析步驟

　　依據 Weende 粗纖維之分析，飼料中無法被硫酸溶液及氫氧化鈉溶液分解而溶解之碳水化合物，為粗纖維（CNS 2770-8）。粗纖維為單胃動物所難以消化的，但可為反芻動物所消化之粗纖維，主要為纖維素。有些木質素亦可溶於鹼液，而低估了粗纖維的含量，高估了無氮抽出物，但木質素難以被反芻動物所消化，故會高估牧草或芻料之能量值，而 Van Soest 分析纖維成分，則將纖維分成中洗纖維（NDF）、酸洗纖維（ADF）和木質素（圖 1-2）。

（四）粗蛋白質

　　蛋白質為許多胺基酸所組成的，而其所含的元素及含量約為：碳 50-55%、氫 6-8%、氧 20-23%、氮 15-18%、硫 0-4%。因蛋白質平均含氮量 16%，故粗蛋白質之測定依 Kjeldahl 氏法測得總氮量，再換算成粗蛋白質量（CNS 2770-5），其算法為總氮量乘以 6.25。但飼料蛋白質所含之氮平均分布在 15-19%。

　　飼料中粗蛋白質量因所乘之倍數不同而異。所測得之總氮量除蛋白質外，可能包括尿素等非蛋白質氮，而此非蛋白質氮難以被單胃動物之禽畜所利用。

（五）粗灰分

將飼料於 600°C 灰化所得之無機物爲粗灰分（CNS 2770-9），其成分爲鈣、鎂、鐵等金屬元素及磷等非金屬元素。不溶於鹽酸之部分稱鹽酸不溶物。植物體所含之無機物因部位之不同變異較大，而其所含矽對畜禽並無營養價值。欲知其所含的鈣、磷等礦物質，則需再進一步分析之。

（六）無氮抽出物

除了粗纖維外之碳水化合物，主要爲澱粉、糖。但尚含有一些可溶於 1.25% 硫酸或氫氧化鈉之半纖維素和木質素。無氮抽出物是由「100 − 水分 − 粗脂肪 − 粗纖維 − 粗灰分 − 粗蛋白質」而得到的。若欲知澱粉含量，則另法測定之（CNS 2770-12）。

二、礦物質

已訂有國家標準之礦物質分析爲鈣（CNS 2770-15）及磷（CNS 2770-16），其他之金屬元素可利用原子吸光分析儀來測定溶於鹽酸之灰分溶液。

三、尿素酶活潑度

因生大豆中含有尿素酶及胰蛋白酶抑制因子等，故需加熱以破壞之。然而加熱過度則會破壞胺基酸等營養分，而降低飼料之營養利用率。由大豆粕之尿素酶活潑度試驗可評估飼料加熱是否適度。擴散測定方法是利用尿素酶分解尿素 10 分鐘所產生的氨之毫克數，而 pH 增值法則於 30°C，利用尿素酶分解尿素 30 分鐘後 pH 之增值數（CNS 2770-14）。但若尿素酶活潑度試驗結果有分歧時，應以 pH 增值法爲準。國家標準規定大豆粕之水分含量不超過 12.5%，尿素酶活潑度在擴散法不超過 1,500 單位，不低於 100 單位，在 pH 增值法則不超過 0.3 單位，不低於 0.02 單位。

四、胺基酸

飼料中之蛋白質是由胺基酸所組成，因此胺基酸之含量與有效性影響蛋白質的品質。分析飼料蛋白質所含之胺基酸量，則需將蛋白質水解後，利用胺基酸自動分析儀測定之。

五、其他

食鹽之測定是利用硝酸銀與氯化鈉作用，由硝酸銀之用量來計算飼料中食鹽含量。亦可利用食鹽含量之變異係數來測定飼料混合之均勻度、混合機之性能與適當的混合時間。

毒素之檢定：依飼料種類之不同而異，如測定銀合歡之蜜姆辛（Mimosine），其他尚有飼料中細菌檢驗法如炭症菌、大腸桿菌、沙門菌屬之檢驗可依國家標準法檢驗之。另亦有規定飼料添加物之檢驗法。

我國對植物性飼料類、動物性飼料類及礦物性飼料類及畜禽配合飼料訂有國家標準。在飼料類規定通用範圍，一般性狀、水分、夾雜物及灰分、鹽酸不溶物、家畜衛生要求及其檢驗法。水分、粗灰分、粗纖維及鹽酸不溶物訂最高限量，而粗蛋白質則訂最低限量。粗脂肪及其他則依飼料不同而異。水產動物用飼料油脂則要測定碘價、酸價、過氧化物、不皂化物、維生素 A 及維生素 D_3。

PART 2

實習步驟

01. 水分測定

一、原理

　　飼料樣品在烘箱中加熱，乾至恆重時，所失去的重量即爲水分重。其所失去的水爲游離水，但結合水（Bond water）尚保留。若要使所有結合水失去，則需要更高的溫度，而高溫乾燥會引起飼料變質。

　　飼料樣品達恆重所需要的時間，視樣品含水分高低、樣品大小、種類和乾燥時的溫度而定。水分測定後的飼料樣品，不要丟棄，可作爲測定粗脂肪及粗纖維的樣品。

二、設備

1. 有號碼或可書寫號碼的玻璃秤量瓶（Weighing bottle）。
2. 送氣烘箱（Force drafted oven）。
3. 乾燥器（Desiccator）。
4. 秤量瓶專用夾或防熱手套。
5. 電動天平（至少精度達 0.001 g）。

三、測定步驟

1. 秤量瓶洗淨後，再用去離子水或蒸餾水沖之，放入 105℃烘箱烘乾，時間至少 30 分鐘。
2. 秤量瓶從烘箱夾出，置於乾燥器內冷卻，秤量瓶數量少，約 20 分鐘後秤重，秤量瓶數量多時，冷卻時間須較長，才能秤重。
3. 飼料樣品貯存在冰箱或冷藏庫者，要測定水分前約 1 小時取出，置於室溫中，使飼料樣品溫度恢復到室溫。

4. 飼料樣品先搖混均勻，等 1-2 分鐘後再打開，以防粉末飛散。打開後，用藥匙取飼料樣品約 1 g 置於打開蓋子的秤量瓶中，蓋子蓋上後，輕搖一下，使飼料樣品平鋪於秤量瓶內。

5. 盛有飼料樣品的秤量瓶，先粗秤，若飼料樣品重量不足，取出天平外，再添加，然後精秤重量。

6. 已秤重的秤量瓶，置於乾燥器內，移到烘箱旁。

7. 取出烘箱中放置烘物的盤子，拭淨，然後取出乾燥器中秤量瓶置於盤上，再小心打開秤量瓶蓋以防飼料樣品散失。蓋子斜放在秤量瓶上方，等盤上秤量瓶都放好了，再小心移入烘箱中，開始加熱。

8. 溫度上升至 105℃ 後，定溫 2 小時。

9. 烘乾 2 小時後，打開烘箱門，先蓋好秤量瓶，取出秤量瓶置於乾燥器中冷卻。

10. 冷卻時間的長短，依乾燥器內秤量瓶多少而定，一般約 20-30 分鐘。冷卻後秤重。

11. 秤重後秤量瓶放回乾燥器，再送到 105℃ 烘箱中，烘乾時間改為 30 分鐘一次。

12. 連續以烘乾 30 分鐘一次，冷卻及秤重，一直進行到重量穩定之後才結束。重量穩定的標準有二個：

   (1) 兩次秤重之間，重量減輕不超出試樣重之 1/1,000 以內（以樣品 1 g 為標準之下約在 1-1.5 mg）。

   (2) 秤重重量比前一次增加，表示脂肪氧化增重。最後烘乾重量以秤重最輕一次的重量為重量。

13. 計算飼料風乾樣品的含水量。

乾物質（%）= [烘乾後重量（g）/ 烘乾前重量（g）]×100%

水分含量（%）= 100 %- 乾物質（%）

四、注意事項

1. A.O.A.C. 法用 135℃烘乾 2 小時，脂肪易氧化變性，所得的水分較不準確，因此以本法 105℃來測較爲合理。以 135℃測水分的樣品，不宜用來測脂肪及維生素。如不考慮脂肪氧化變性的影響，則利用 135℃測定方法，可以縮短測水分所需的時間。
2. 新鮮樣品水分含量很高，測水分含量宜用甲苯（Toluene）蒸餾法（A.O.A.C., 1975）。
3. 樣品怕加熱變性，測水分含量亦可改用低溫低壓法、濃硫酸脫水法或冷凍乾燥法。
4. 用 105℃烘乾測水分的過程，全程約需 8-10 小時，因此最好前一天將秤量瓶烘乾，樣品秤好，隔日晨起即開始烘乾。如果無法連續一次完成測定水分，亦可將盛有樣品秤量瓶放在乾燥器中，等到以後繼續完成。
5. 請隨時注意乾燥器中乾燥劑的有效性。如乾燥劑爲活性鋁鹽，乾燥時爲鮮藍色至深藍色，吸水後變成粉紅色或無色，此時應加熱乾燥，才可以再繼續使用。
6. 秤量瓶在烘乾時，不可以接觸烘箱壁，烘箱通氣口的大小，視樣品含水分高低而定。
7. 爲了節省時間，將置物盤取出，烘箱先加熱。

五、附註

1. 樣品是新鮮的或含水分在 15% 以上者，要先求得風乾物之量。
   (1) 取樣秤重，然後置於 60℃之通風乾燥器內，烘至乾燥爲止，取出放冷秤重，失去的重量的百分率即爲 60℃時水分的含量。100 減去之即得 60℃乾燥之乾物量。
   (2) 將此乾燥之樣品粉碎並充分混合再取樣品，保存於適當的容器內及適當的場所，以供其他項目之分析。所有項目分析完畢後，此樣品仍需保存以備複驗。
   (3) 將此樣品依上述水分測定法，測定 105℃下之水分含量即可。

2. 加熱溫度若用 130℃時，則烘乾 1 小時後即可開始秤量。

3. 黏厚飼料如糖蜜、魚粉測定水分時，可以摻入已知量之乾燥純石英砂，以便增加孔度，水分提早完全蒸發。

4. 油渣之水分測定

    (1) 燒杯、矽砂（Silica）及玻棒先乾燥定量。

    (2) 秤取樣品 1-2 g 與矽砂攪拌混合。

    (3) 置於烘箱中不超過 100℃，烘乾 2-3 小時。

    (4) 冷卻秤量。

組別：　　　　　實驗日期：　　　　　學號：　　　　　姓名：

實習報告：水分測定

一、樣品製備

樣品外觀（顏色、粗細度、粒料或粉狀、氣味、質地……）：

二、水分測定

秤量瓶號	秤量瓶重量（g）	樣品重量（g）	秤重1（g）	秤重2（g）	秤重3（g）	水分（%）

試驗樣品水分含量：＿＿＿＿＿%，乾物質（Dry matter）含量：＿＿＿＿＿%。

02. 標準溶液配製

一、原理

　　第一標準藥劑（Primary standard reagent）是一種固體藥劑，用來直接滴定一種溶液，使溶液濃度標準化，利用第一標準藥劑來標定（Standardization）出滴定溶液的濃度。滴定的原理是酸鹼中和。

　　作為第一標準藥劑需要具備的條件：

1. 純度要高，最好是 99.95% 以上。

2. 品質安定，不易氧化分解，乾燥潮溼增減重量。

3. 易溶於水。

4. 當量要大，使誤差減少。

5. 價格合理，容易取得。

　　要配製 0.1 N 之 H_2SO_4 和 0.1 N 之 NaOH 標準溶液，是利用約 0.1 N NaOH 溶液，滴定第一標準溶液 Potassium hydrogen phthalate（KHP），得 NaOH 溶液濃度。再利用 NaOH 溶液來滴定 0.1 N H_2SO_4 溶液，求得 0.1 N H_2SO_4 真實的濃度。

二、設備

1. 烘箱。

2. 天平。

3. 50 mL 滴定管。

4. 100 mL 量筒。

5. 1 L 塑膠瓶 2 個。

6. 漏斗。

7. 125 mL 三角瓶 3 個。

8. 秤量瓶 3 個。

動物營養學實習指南

三、藥品

1. Potassium hydrogen phthalate（KHP）：取 KHP 放在秤量瓶中置於 105-110℃烘箱至少烘 2 小時，取盛 KHP 秤量瓶放在乾燥器中冷卻備用，作為第一標準藥劑。
2. NaOH（1+1）溶液：1 份 NaOH 粒 +1 份 H_2O，攪拌溶解冷卻後倒入玻璃瓶中，用橡皮塞塞住瓶口，靜置 10 日以上，讓 Na_2CO_3 完全沉澱，利用澄清液來配 0.1 N NaOH 溶液。
3. 去 CO_2 水：蒸餾水通入不含 CO_2 空氣 12 小時後，以供配製標準溶液用水。
4. 酚酞（Phenolphthalein）溶液：取 0.1 g 酚酞粉末溶於 7 mL 酒精後，再加入 3 mL H_2O 混合。
5. 甲基紅（Methyl red）溶液：取 0.1 g 甲基紅溶於 20 mL 酒精（95%）中，過濾 2 次，取其濾液。

四、配製步驟

1. 取 5.5 mL NaOH（1+1）溶液倒入已盛 400 mL 去 CO_2 水的塑膠瓶中，再加入去 CO_2 的水至 1,000 mL，混合均勻即得約 0.1 N 之 NaOH 溶液。
2. 取 3.0 mL 濃 H_2SO_4 加入已盛有 300 mL 左右去 CO_2 的水於 1 L 塑膠瓶中，再加去 CO_2 的水至 1,000 mL，混合後即可得約 0.1 N H_2SO_4 溶液。
3. 精秤至少 3 份約 0.8 g 的 KHP 分別放在 125 mL 三角瓶中，分別加入 40 mL 去 CO_2 水，完全溶解後，每個三角瓶加 2 滴酚酞指示劑。
4. 滴定管中裝 50 mL 0.1 N NaOH 溶液，滴定 KHP 溶液至產生微粉紅色出現（酚酞指示劑，從無色產生粉紅色，變色範圍 pH 8.3-10.0）。
5. 計算 NaOH 濃度

$$NaOH(N) = \frac{[KHP\,(g) \times 1000]}{[NaOH\,(mL) \times 204.229]}$$

6. 用 20 mL 定量吸管吸取 20 mL 的 0.1 N H_2SO_4（未標定）至少 3 份，分別放入 125 mL 三角瓶中，加 2 滴甲基紅指示劑，用已知濃度的 NaOH 溶液來滴定，滴定到紅色消失出現微黃色（甲基紅指示劑，紅色變黃色，變色範圍 pH 4.2-6.3）。

7. 計算 H_2SO_4 溶液濃度

$$N_a \times V_a = N_b \times V_b$$
$$H_2SO_4(N) = (N_b \times V_b) \div V_a$$

N_a：H_2SO_4 濃度。V_a：H_2SO_4 mL 數。N_b：NaOH 濃度。V_b：NaOH 滴定 mL 數。

五、注意事項

1. 標定濃度後的 0.1 N H_2SO_4 溶液及 0.1 N NaOH 溶液，必須註明標定日期及濃度。

2. 0.1 N NaOH 溶液濃度比較不穩定，每隔一段時間要重新標定。

3. 其他第一標準藥劑，酸有 Sulfamic acid、Benzoic acid 及 Potassium acid iodate，鹼有 Na_2CO_3、Tris-hydroxymethylaminomethane。

4. 量液體時，何時用量筒、定量瓶、定量吸管等，應該要注意。

5. 使用滴定管時，加溶液後，記得拿開漏斗，其次是滴定管開關以下，常有空氣存在，影響滴定正確，必須排除空氣的存在。

6. 第一標準藥劑也必須完全溶解後，才能滴定。

表 2-1　常用酸鹼指示劑之變色範圍（https://en.wikipedia.org/wiki/PH_indicator）

指示劑	低 pH 顏色	變色範圍	高 pH 顏色
龍膽紫〔Gentian violet (Methyl violet 10B)〕	黃色	0.0-2.0	藍紫色
孔雀綠（Leucomalachite green）（第一次變色）	黃色	0.0-2.0	綠色
孔雀綠（Leucomalachite green）（第二次變色）	綠色	11.6-14	無色
百里酚藍（Thymol blue）（第一次變色）	紅色	1.2-2.8	黃色
百里酚藍（Thymol blue）（第二次變色）	黃色	8.0-9.6	藍色
甲基黃（Methyl yellow）	紅色	2.9-4.0	黃色
溴酚藍（Bromophenol blue）	黃色	3.0-4.6	紫色
剛果紅（Congo red）	藍紫色	3.0-5.0	紅色
甲基橙（Methyl orange）	紅色	3.1-4.4	橙色
溴甲酚綠（Bromocresol green）	黃色	3.8-5.4	藍色
甲基紅（Methyl red）	紅色	4.4-6.2	黃色
甲基紅（Methyl red）	紅色	4.5-5.2	綠色
石蕊精（Azolitmin）	紅色	4.5-8.3	藍色
溴甲酚紫（Bromocresol purple）	黃色	5.2-6.8	紫色
溴百里酚藍（Bromothymol blue）	黃色	6.0-7.6	藍色
酚紅（Phenol red）	黃色	6.4-8.0	紅色
中性紅（Neutral red）	紅色	6.8-8.0	黃色
甲萘酚酞（Naphtholphthalein）	無色或淡紅色	7.3-8.7	藍綠色
甲酚紅（Cresol red）	黃色	7.2-8.8	淡紫色
酚酞（Phenolphthalein）	無色	8.3-10.0	紫紅色
百里酚酞（Thymolphthalein）	無色	9.3-10.5	藍色
茜素黃 R（Alizarine Yellow R）	黃色	10.2-12.0	紅色

組別： 實驗日期： 學號： 姓名：

實習報告：標準溶液配製

一、標準溶液配製

1. NaOH 溶液濃度

滴定編號	KHP 重量（g）	NaOH 溶液用量（mL）	NaOH 濃度（N）
	A	B	$(A \times 1,000)/(B \times 204.229)$
1			
2			
3			

*NaOH 溶液正確濃度：_____N （平均值 ± 標準偏差 = _____ ± _____）

2. H_2SO_4 溶液濃度

滴定編號	H_2SO_4 溶液用量（mL）	NaOH 溶液用量（mL）	H_2SO_4 濃度（N）
1			
2			
3			

*H_2SO_4 溶液正確濃度：_____N （平均值 ± 標準偏差 = _____ ± _____）

03. 粗蛋白質測定

一、原理

本實驗又稱凱氏法（Kjeldahl method），係凱氏（Kjeldahl）所發明之方法加以改進而來。方法主要分三階段進行：分解（Digestion）、蒸餾（Distillation）及滴定（Titration）。以下分階段來個別討論。

（一）分解作用

在濃硫酸（H_2SO_4）作用下，蛋白質將首先水解成胺基酸〔反應式 (1)〕，進一步在硫酸鉀（Potassium sulfate, K_2SO_4）／硫酸銅（Copper sulfate, $CuSO_4$）催化下，生成硫酸銨〔Ammonium sulfate, $(NH_4)_2SO_4$〕、H_2O、CO_2、SO_2，其中 H_2O、CO_2 及 SO_2 逸入大氣中，而 $(NH_4)_2SO_4$ 則存在濃 H_2SO_4 中〔反應式 (2)〕。此反應溫度約 400℃，反應劇烈，且二氧化硫（SO_2）有毒，須在抽風櫥抽氣進行。

$$\text{Protein} + nH_2O \xrightarrow{\text{水解}} nR \overset{\overset{\displaystyle NH_2}{|}}{\underset{\underset{\displaystyle H}{|}}{C}} COOH \cdots\cdots\cdots\cdots\cdots (1)$$

$$R \overset{\overset{\displaystyle NH_2}{|}}{\underset{\underset{\displaystyle H}{|}}{C}} COOH \xrightarrow[\text{催化劑，}\Delta]{\text{濃 } H_2SO_4} (NH_4)_2SO_4 + H_2O\uparrow + CO_2\uparrow + SO_2\uparrow \cdots\cdots (2)$$

（二）蒸餾作用

分解作用所得之液態 $(NH_4)_2SO_4$，小心以水稀釋定量後，冷卻至室溫，再以蒸餾裝置蒸餾出 NH_3〔反應式 (3)、(4)〕。加入 NaOH（40%）時，NH_3 即可能產生而逸出，故橡皮管必須浸入吸收酸（0.1 N H_2SO_4 溶液）液面以下，使 NH_3 再以 $(NH_4)_2SO_4$ 狀態穩定存在於收集瓶中〔反應式 (5)〕。

$$2NaOH\,(40\%) + (NH_4)_2SO_4 \rightarrow 2NH_4OH + Na_2SO_4 \cdots\cdots (3)$$

$$NH_4OH \xrightarrow[\text{熱蒸氣硫}]{\Delta} NH_3\uparrow + H_2O \cdots\cdots\cdots\cdots\cdots\cdots (4)$$

$$2NH_3\uparrow + H_2SO_4 \rightarrow (NH_4)_2SO_4 \cdots\cdots\cdots\cdots\cdots\cdots (5)$$

（三）滴定作用

收集瓶（剩餘之 0.1 N H_2SO_4 溶液）以 0.1 N NaOH 溶液滴定〔反應式 (6)〕，滴定終點顏色變化為淡紅色轉變為淡綠色。另做空白試驗。

$$2NaOH + H_2SO_4 \rightarrow Na_2SO_4 + 2H_2O \cdots\cdots\cdots\cdots\cdots\cdots\cdots (6)$$

二、材料與設備

1. 飼料樣品。

2. 催化劑：可混合硫酸銅（$CuSO_4$）：硫酸鉀（K_2SO_4）= 1：4，或使用商用催化劑錠（Kjeldahl tables, Merck）（http://www.chemicalbook.com/ProdSupplier GWCB4782771_EN.htm）。

3. 濃硫酸（H_2SO_4）溶液。

4. 沸石。

5. 蒸餾水。

6. 氫氧化鈉（1+1），以 1 g 氫氧化鈉加 1 mL 水之比例配製。

動物營養學實習指南

7. 接收用硫酸（0.1 N），須滴定標定實際濃度。

8. 滴定用氫氧化鈉（0.1 N），須滴定標定實際濃度。

9. 硫酸銨亞鐵〔$(NH_4)_2Fe(SO_4)_2 \cdot 6H_2O$（N%= 28/392.1=7.14%，計算回收率用）〕。

10. 指示劑：甲基紅酒精溶液。

11. 蛋白質分解管。

12. 分解裝置。

13. 蒸餾裝置。

14. 定量瓶 100 mL。

15. 三角錐瓶 250 mL。

16. 滴定管。

三、測定步驟

（一）試驗流程（圖 2-1）

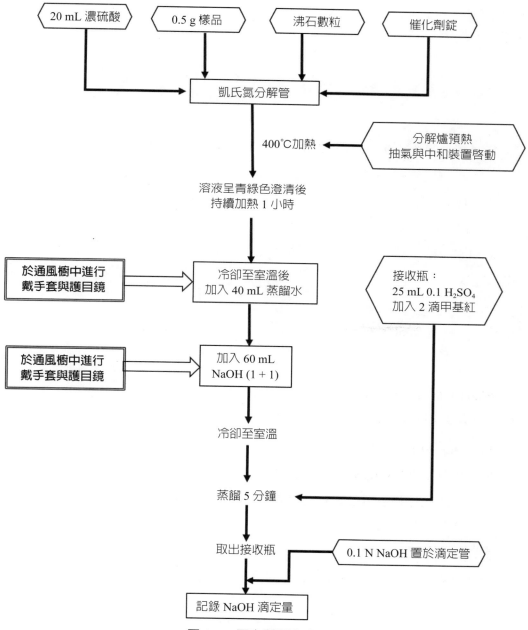

圖 2-1　蛋白質測定流程

（二）計算方法

計算方法請參看下列方程式，先利用空白試驗（以包裹樣品用之秤藥紙為空白組）與樣品滴定量的差，計算總含氮量，再將總含氮量乘上氮係數，則可得到樣品蛋白質含量。

計算法 1：

$$樣品總氮量（\%）= \frac{[(V_2 - V_1) \times F \times 0.014007] \times 100\%}{W \times DM\% \times R}$$

V_1：樣品所消耗 0.1 N 氫氧化鈉標準溶液的滴定量（mL）。

V_2：空白試驗所消耗 0.1 N 氫氧化鈉標準溶液的滴定量（mL）。

W：樣品重量（g）。

F：滴定用 0.1N 氫氧化鈉標準溶液的力價（即實際之濃度 N）。

R：回收率。

計算法 2：

$$樣品總氮量（\%）= \frac{(V_a \times N_a - V_b{}^* \times N_b - Blank) \times 1400.7}{W \times DM\% \times R}$$

Blank：空白組的（$V_a \times N_a - V_b \times N_b$）。

V_a：接收用 0.1 N 硫酸溶液的用量（mL）。

V_b：樣品滴定時消耗氫氧化鈉標準溶液的滴定量（mL）。

N_a：接收用 0.1 N 硫酸溶液的的力價（即實際之濃度 N）。

N_b：樣品滴定時使用之氫氧化鈉標準溶液的力價（即實際之濃度 N）。

W：樣品重量（mg）。

R：回收率。

＊樣品粗蛋白質含量（\%）＝總氮量（\%）× 氮係數

（三）氮係數（**Nitrogen factor**）

飼料中含氮的成分大部分是蛋白質，而蛋白質中平均含有 16% 的氮，因此利用總氮量計算蛋白質含量時，需將樣品總氮數乘上 100/16 ＝ 6.25，稱為氮係數。飼料中蛋白質的含氮量依照飼料種類及胺基酸組成而不同，因此不同類別飼料來源有不同的氮係數（表 2-2）。一般飼料的蛋白質含氮量為 16%，氮係數為 6.25。而乳製品蛋白質含氮較低，約 15.8%，氮係數為 6.38。大豆及大豆製品蛋白質含氮量較高，約 16.7%，氮係數為 5.71。

表 2-2　飼料之蛋白質含量及其氮係數

飼料	氮／蛋白質 (%)	係數（蛋白質／氮）(%)	氮／飼料 (%)	粗蛋白質 (%)	
				N×6.25	N× 係數
小麥胚	17.5	5.70	1.39	8.7	7.9
麩皮	15.8	6.31	2.45	15.3	15.5
小麥	17.2	5.83	2.06	12.9	12
大麥	17.2	5.83	1.68	10.5	9.8
玉米	16	6.25	1.40	8.8	8.8
棉子粕	18.9	5.3	5.82	36.4	30.8
花生仁	18.3	5.46	4.13	25.8	22.5
牛奶	15.8	6.38	0.53	3.3	3.4

組別： 實驗日期： 學號： 姓名：

實習報告：粗蛋白質測定

* 硫酸銨亞鐵重量：＿＿＿＿g

* 樣品一重量：＿＿＿＿g，水分含量爲＿＿＿＿%，乾物質爲＿＿＿＿g

* 樣品二重量：＿＿＿＿g，水分含量爲＿＿＿＿%，乾物質爲＿＿＿＿g

一、樣品測定結果

1. 接收用硫酸濃度：＿＿＿＿N，接收使用量：＿＿＿＿mL

2. 消化管添加蒸餾水：＿＿＿＿mL，添加飽和氫氧化鈉：＿＿＿＿mL

3. 蒸餾前液體顏色：

樣品一 1. 氫氧化鈉（或硫酸）滴定量：＿＿＿＿mL 2. 樣品含氮量：＿＿＿＿%	樣品二 1. 氫氧化鈉（或硫酸）滴定量：＿＿＿＿mL 2. 樣品含氮量：＿＿＿＿%

二、空白組滴定結果

NaOH 使用量：＿＿＿＿mL　　　　NaOH 濃度：＿＿＿＿N

接收用硫酸濃度：＿＿＿＿N　　　　硫酸接收使用量：＿＿＿＿mL

三、回收率計算（硫酸銨亞鐵）

1. NaOH 使用量：＿＿＿＿mL　　　NaOH 濃度：＿＿＿＿N

2. 接收用硫酸濃度：＿＿＿＿N　　　硫酸接收使用量：＿＿＿＿mL

3. 含氮量：＿＿＿＿%

4. 回收率：硫酸銨亞鐵含氮率 ÷7.14% ＝＿＿＿＿%

四、實驗結果

樣品粗蛋白質：＿＿＿＿%（請寫出詳細計算過程）

計算公式：N%×6.25 ＝ 粗蛋白質 %

N% ＝

空白試樣：H_2SO_4 濃度（N）× 使用量（mL）－ NaOH 濃度（N）× 空白組滴定使
　　　　用量（mL）

補充資料：

＊硼酸溶液接收法

（測定粗蛋白質含量之檢驗結果有分歧時，以硫酸溶液接收法為準。）

樣品含氮量測定之蒸餾與滴定，亦可使用硼酸（Boric acid）溶液接收，原理如下：

樣品降解（Degradation）：

$$Sample + H_2SO_4 \rightarrow (NH_4)_2SO_4(aq) + CO_2(g) + SO_2(g) + H_2O(g)$$

氨釋放（Liberation of ammonia）：

$$(NH_4)_2SO_4(aq) + 2NaOH \rightarrow Na_2SO_4(aq) + 2H_2O(L) + 2NH_3(g)$$

氨固定（Capture of ammonia）：

$$B(OH)_3 + H_2O + NH_3 \rightarrow NH_4^+ + B(OH)_4^-$$

反滴定（Back-titration）：

$$B(OH)_3 + H_2O + Na_2CO_3 \rightarrow NaHCO_3(aq) + NaB(OH)_4(aq) + CO_2(g) + H_2O$$

測定法與計算如下：

一、設備與藥品：與硫酸溶液接收法相同

1. 濃硫酸（比重 1.84）。

2. 無水硫酸鉀。

3. 結晶硫酸銅。

4. 氫氧化鈉溶液：將氫氧化鈉 500 g 溶解於 1 L 之蒸餾水中。

5. 4% 硼酸溶液：將 H_3BO_3 40 g 溶解於 1 L 之蒸餾水中。

6. 0.1 N HCl 標準溶液。

7. 指示劑：將甲基紅（Methyl red）0.1 g 和溴甲酚綠（Bromocresol green）0.5 g 溶解於 96% 酒精 100 mL 中，調整 pH 為 5.0。

8. 催化劑：可混合硫酸銅（$CuSO_4$）：硫酸鉀（K_2SO_4）= 1：4，或使用商用催化劑錠（Kjeldahl tables, Merck）（http://www.chemicalbook.com/ProdSupplierGWCB4782771_EN.htm）。

9. 硫酸銨亞鐵：$(NH_4)_2Fe(SO_4)_2 \cdot 6H_2O$（N%= 28/392.1=7.14%，計算回收率用）。

二、檢測步驟

（一）分解

1. 秤取試樣 0.5 g 左右（含蛋白質約 50-150 mg），放入 500 mL 分解瓶內，加入 10 g 之 K_2SO_4 和 1 g 之 $CuSO_4 \cdot 5H_2O$，並加入濃硫酸 20 mL，置於分解裝置上慢慢加熱。待停止產生泡沫，再加熱煮沸。

2. 當呈青綠色透明後，再繼續加熱至少 1.5 小時。待冷卻後加入蒸餾水 50 mL 使其冷卻至室溫。

（二）蒸餾與滴定（硼酸溶液接收法）

1. 取 4% 硼酸溶液 25 mL，放入 500 mL 三角燒瓶，並加入 4 滴指示劑（此時溶液呈綠色）。然後連接凱氏蒸餾裝置，使冷凝器下端浸入三角瓶之硼酸溶液內。

2. 將氫氧化鈉溶液 75-80 mL 慢慢加入分解瓶內，使其內容物呈強鹼性，並加 1-2 粒沸石，立即蒸餾，至餾出液達約 150 mL 為止，並用少量蒸餾水洗滌冷凝器下端。然後以 0.1 N 鹽酸標準溶液滴定至終點（綠色轉為鐵灰色）。

3. 另與本實驗同時做空白實驗（以蔗糖或秤藥紙進行）。

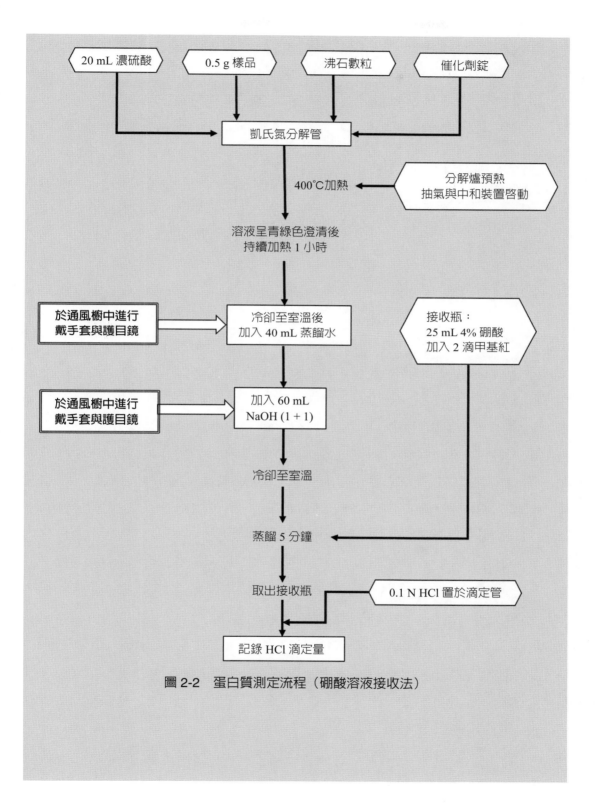

圖 2-2　蛋白質測定流程（硼酸溶液接收法）

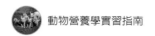
三、計算

$$樣品粗蛋白品質（\%）= \frac{[(B-A) \times F \times 0.014007 \times 6.25] \times 100\%}{W \times DM\% \times R}$$

A = 空白試驗所用 0.1 N HCl 溶液 mL 數。

B = 本試驗所用 0.1 N HCl 溶液 mL 數。

W = 樣品重量（g）。

F = 0.1 N HCl 溶液之標定係數（以 NaOH 標定）。

R = 回收率。

組別： 　　　　 實驗日期： 　　　　 學號： 　　　　 姓名：

實習報告：粗蛋白質測定（硼酸溶液接收法）

* 硫酸銨亞鐵重量：＿＿＿＿g

* 樣品一重量：＿＿＿＿g，水分含量為＿＿＿＿%，乾物質為＿＿＿＿g

* 樣品二重量：＿＿＿＿g，水分含量為＿＿＿＿%，乾物質為＿＿＿＿g

一、樣品測定結果

樣品一	樣品二
1. 滴定用鹽酸濃度：＿＿＿＿N	1. 滴定用鹽酸濃度＝＿＿＿＿N
2. 滴定量：＿＿＿＿mL	2. 滴定量為＿＿＿＿mL
3. 蒸餾前液體顏色：	3. 蒸餾前液體顏色：
4. 樣品含氮量：＿＿＿＿%	4. 樣品含氮量：＿＿＿＿%

二、空白組滴定結果

1. 滴定用鹽酸濃度：＿＿＿＿N，滴定量：＿＿＿＿mL

三、回收率（硫酸銨亞鐵）

1. 滴定用鹽酸濃度：＿＿＿＿N，滴定量：＿＿＿＿mL

2. 樣品含氮量：＿＿＿＿%

3. 回收率：＿＿＿＿%（R）

三、實驗結果

樣品粗蛋白質：＿＿＿＿%（請寫出詳細計算過程）

計算公式：N%×6.25＝粗蛋白質%

N%＝

＊水楊酸比色法（Salicylic acid colorimetric method）

一、原理

經硫酸分解消化後所產生的硫酸銨鹽與水楊酸鈉（sodium salicylate, HOC_6H_4COONa，鄰羥苯甲酸鈉）及次氯酸鈉（sodium hypochlorite, NaClO）作用，產生具有顏色的化合物。以波長 660-680 nm（綠色）進行比色測定，計算出樣品的總氮量，並利用氮係數求得蛋白質含量。

二、設備與藥品

分解操作部分與硫酸溶液接收法相同，測定呈色結果需使用分光光度計。

1. 水楊酸鈉溶液

  32 g 無水水楊酸鈉（HOC_6H_4COONa）

  40 g 磷酸三鈉（$Na_3PO_4 \cdot 12H_2O$）

  0.5 g 亞硝基鐵氰酸鈉〔$Na_2Fe(CN)_5NO \cdot 2H_2O$〕

  溶於 1 L 純化水中（可稍微加熱以促進溶解）。

2. 次氯酸鈉溶液：取次氯酸鈉（NaClO）50 mL，以純水稀釋至 1 L。在室溫避光條件下保存。

3. 氮標準溶液（1,000 mg N/L）：取 3.819 g 的氯化銨（NH_4Cl）溶於純水溶液。

三、檢測步驟

（一）分解

同凱氏氮消化法，加熱呈青綠色透明後，再繼續加熱至少 1 小時。待冷卻後加入蒸餾水定量至 100 mL，並使其冷卻至室溫。

（二）樣品呈色

1. 樣品依照濃度可利用蒸餾水進行稀釋 5-10 倍。

2. 取 0.2 mL 稀釋後樣品加入 4 mL 之水楊酸鈉溶液，再加入 1 mL 之次氯酸鈉溶液。

3. 均勻混合後靜置 12 分鐘，測定 680 nm 之吸光值。

（三）檢量線

1. 分別吸取 0.25、0.5、0.75、1.0、1.25、1.5 及 1.75 mL 之氮標準溶液（1,000 mg N/L），以純水定量到 10 mL。

2. 取 0.2 mL 稀釋後樣品加入 4 mL 之水楊酸鈉溶液，再加入 1 mL 之次氯酸鈉溶液。

3. 均勻混合後靜置 12 分鐘，測定 680 nm 之吸光值。

04. 粗脂肪測定

A. 脂肪定量法 —— 索氏萃取法（Soxhlet extract method）

一、原理

　　脂肪是不易溶解於水，易溶於苯或乙醚等非極性溶劑的化合物。定量脂肪可以利用這類非極性溶劑將樣品中的脂肪萃取出來，蒸發除去有機溶劑，殘留物即為脂肪。但是有機溶劑除了萃取脂肪外，樣品中部分極性與脂肪相似的成分，例如：游離脂肪酸、有機酸、色素、生物鹼、膽固醇、脂溶性維生素、卵磷脂等也會同時被萃取，因此所測得的脂肪含量並非純脂肪，稱為粗脂肪（Crude fat）。

二、樣品處理

1. 脂肪含量多的樣品：秤重樣品後，每次少量放入研缽中磨碎，磨碎過程中會有油脂滲出，因此需加入秤重後的無水硫酸鈉一起充分磨碎，放入圓筒濾紙中，使用後的研缽及研磨棒需用沾有萃取溶劑的脫脂棉花擦拭後，一併放入圓筒濾紙中。花生、芝麻及全脂大豆等屬於此類樣品。

2. 水分及蛋白質含量高的樣品：樣品秤重後，加入無水硫酸鈉及少量海砂，放入研缽中充分混合後，於烘箱中乾燥並磨碎，然後將處理過的樣品放入圓筒濾紙中。肉類、雞蛋等屬於此類樣品。

3. 醣類含量多的樣品：由於乙醚等萃取溶劑無法完全萃取這類樣品中的脂肪，因此萃取前需先將糖分去除。樣品秤重後，加入蒸餾水及硫酸銅溶液充分混合後，以氫氧化鈉溶液調整酸鹼值至為鹼性。等沉澱產生後，以濾紙過濾，殘留物連同濾紙乾燥後放入圓筒濾紙中。糖果、果醬等屬於此類樣品。

三、萃取溶劑

要成功從樣品中萃取脂肪，需要先將脂肪與其他化合物之間的鍵結打破，讓脂肪游離並溶解。一般要將脂肪溶解需要選擇與脂肪極性相似的溶劑，而乙醚和石油醚是最常使用的萃取溶劑。乙醚的沸點（Boiling Point, b.p.）為 34.48℃，溶解脂肪性良好，但其缺點是具危險性，遇火容易爆炸，且會萃取其他非脂肪的化合物。石油醚的沸點約 30-70℃，主要是由戊烷（Pentane, C_8H_{14}）和己烷（Hexane, C_6H_{12}）所組成。石油醚溶解脂肪的能力雖沒有乙醚好，但是較不易萃取其他非脂肪性化合物。混合乙醚和石油醚兩種溶劑已經廣泛被應用於乳製品脂肪的萃取。

B. 脂肪定量法 —— 快速萃取法（Rapid extraction method）

一、原理

目前有一種改良式快速萃取儀器，其原理與索氏萃取法相同，利用萃取溶劑將脂肪自樣品中萃取出。但是索氏萃取法由於是將萃取溶劑蒸發、冷凝後經過圓筒濾紙將樣品中的油脂溶解出來，較為耗時。而快速萃取法則將樣品直接浸泡入沸騰的溶劑中，增加油脂溶解速率，因此縮短萃取時間。

二、樣品處理

與索氏萃取法相同。

三、萃取溶劑

與索氏萃取法相同。

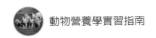

四、儀器構造

　　快速萃取儀器（請參看圖 2-3）可以在 30-40 分鐘將脂肪萃取完成，取代以往的 4 個小時。其構造上最大的差異是將樣品直接浸泡入沸騰的溶劑中萃取脂肪，增加樣品與溶劑接觸的面積，縮短萃取時間。

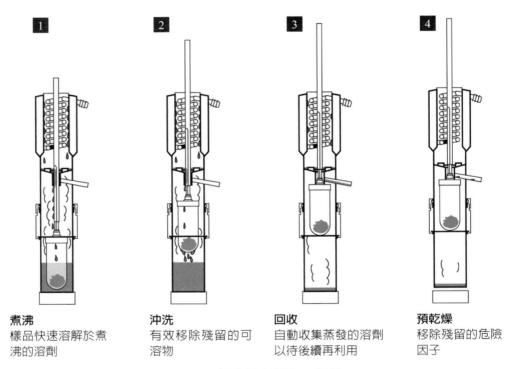

煮沸
樣品快速溶解於煮沸的溶劑

沖洗
有效移除殘留的可溶物

回收
自動收集蒸發的溶劑以待後續再利用

預乾燥
移除殘留的危險因子

圖 2-3　粗脂肪之萃取 4 步驟

五、操作方法

　　快速萃取法操作分成樣品裝置、萃取溶劑裝置、萃取及蒸發溶劑四個步驟說明。

1. 樣品裝置：將樣品（0.5 g）依照上述樣品處理後，秤重，放入圓筒濾紙中，用脫脂棉花塞住洞口，避免樣品在萃取過程中損失。將裝有樣品的圓筒濾紙直立放入燒杯中，置於溫度 100-105℃的烘箱內乾燥 3 小時。若是樣品中含有水分存在，樣品中水溶性物質也會在萃取的過程中溶解出來，影響分析結果。

2. 萃取溶劑裝置：鋁杯洗滌乾淨並放入溫度 100-105℃的烘箱內乾燥 1 小時，然後放入玻璃乾燥器中冷卻至室溫，秤重量。在鋁杯中加入約其容積四分之三萃取溶劑。

3. 萃取：乾燥後的圓筒濾紙放入萃取管中，將裝有萃取溶劑的鋁杯放置入儀器，打開加熱器及冷凝裝置開始萃取。萃取時間依照脂肪的多寡而定，一般為 30-40 分鐘。

4. 蒸發溶劑：脂肪被萃取完全後，按下蒸發鍵，回收溶劑。溶劑完全回收後，拆下鋁杯，並將鋁杯浸入沸騰熱水浴中，充分蒸發殘留的萃取溶劑。最後將鋁杯放入溫度 100-105℃的烘箱內乾燥 1 小時，然後放入乾燥器中冷卻至室溫，秤重量，依照此方法反覆操作乾燥、冷卻、秤重等步驟，直到達到恆重為止。

六、計算方法

依照下列計算公式換算脂肪含量。由於樣品中的脂肪經自萃取溶劑萃取至鋁杯，因此將鋁杯內的萃取溶劑蒸發並乾燥後，杯內剩餘的油脂即為樣品中的脂肪含量。

$$粗脂肪含量（\%）= [(W_3 - W_2)/(W_1 \times DM\%)] \times 100\%$$

W_1：樣品重。

W_2：測定前鋁杯烘乾重。

W_3：測定後鋁杯烘乾重（含萃出之脂肪）。

DM%：乾物質比例。

七、注意事項

1. 測粗脂肪的溶劑，除乙醚外，亦可用石油醚。

2. 脂肪抽除裝置最好是放在通風櫥中進行，若沒有通風櫥時，則室內的通風必須良好。

3. 乙醚貯存時必須避免光線照射，所以用褐色瓶裝。乙醚沸點低且易燃，使用時必須遠離火源及電源等火花，並在通風情況良好的地方進行，注意安全。當與強氧化劑作用時，則會產生爆炸反應。長期貯存或曝露在陽光下，會產生不穩定的過氧化物，此物具有爆炸的潛力，因此要使用之前必須加以去除，將乙醚通過活化的鋁是一種相當有效方法。置一小片鈉金屬於乙醚內，可以防止過氧化物產生（A.O.A.C., 1980）。

4. 用來包飼料樣品的濾紙，選擇便宜的定性濾紙即可，而且孔隙愈大愈好（A.O.A.C., 1980）。

5. 脂肪抽除後的飼料樣品，作為後續測定粗纖維的飼料樣品。

組別：＿＿＿＿　　實驗日期：＿＿＿＿　　學號：＿＿＿＿　　姓名：＿＿＿＿

實習報告：粗脂肪測定

樣品測定結果

樣品一

重量：＿＿＿＿g，水分含量：＿＿＿＿%，

乾物質為：＿＿＿＿g（W_1）

測定前鋁杯烘乾重：＿＿＿＿g（W_2）

測定後鋁杯烘乾重：＿＿＿＿g（W_3）（含萃出之脂肪）

粗脂肪含量（%）＝ $[(W_3 - W_2)/W_1] \times 100\%$

樣品粗脂肪含量：＿＿＿＿%

樣品二

重量：＿＿＿＿g，水分含量：＿＿＿＿%，

乾物質為：＿＿＿＿g（W_1）

測定前鋁杯烘乾重：＿＿＿＿g（W_2）

測定後鋁杯烘乾重：＿＿＿＿g（W_3）（含萃出之脂肪）

粗脂肪含量（%）＝ $[(W_3 - W_2)/W_1] \times 100\%$

樣品粗脂肪含量：＿＿＿＿%

05. 粗纖維測定

一、原理

　　飼料樣品在弱酸溶液（0.255 N H_2SO_4）中煮沸 30 分鐘，去酸液後，然後在弱鹼溶液（0.313 N NaOH）中煮沸 30 分鐘，不溶解的殘餘物即是粗纖維。弱酸處理會移去部分蛋白質與半纖維素，同時完全移除可溶性糖與澱粉，弱鹼處理則可移去剩餘之蛋白質與半纖維素，但同時也會移去部分木質素。所剩之不溶物包括纖維素、部分木質素及灰分。

　　分析粗纖維的目的，是分開容易消化和不易消化的碳水化合物。分析的原理是基於易溶解於弱酸及弱鹼的物質，即容易被動物消化的假設。雖然這種假設不一定全正確，但是尚可作為評估飼料中不被消化物質的指標，也可作為飼料含熱能評估的參考指標。

　　本實驗使用濾袋法進行粗纖維分析，需搭配濾袋與玻璃隔片管進行使用。可同時測定 6 個樣品，但需注意樣品種類之分配。

二、設備（消化袋法）

1. 加熱板。
2. 1 L 燒杯，冷凝器。
3. 旋轉樣品架。
4. 樣品濾袋（消化袋）。
5. 玻璃隔片管。
6. 坩堝。
7. 105℃烘箱。
8. 600℃灰化爐。

9. 乾燥器。

10. 精密天平。

三、藥品

1. 1.25%（0.255±0.005 N）硫酸溶液：12.5 g H_2SO_4（約 6.8 mL）加入放有 300-400 mL 水之 1,000 mL 定量瓶內，混合均勻，冷卻後用水稀釋到 1,000 mL，濃度需要滴定加以調整。

2. 1.25%（0.313±0.005 N）氫氧化鈉溶液：12.5 g 不含 Na_2CO_3 之固體 NaOH 粒，加入放有 300-400 mL 水之 1,000 mL 定量瓶，混合均勻後冷卻，然後用水稀釋到 1,000 mL，濃度需要滴定加以調整。

3. 石油醚。

4. 抗泡劑：辛醇（N-octyl alcohol），2 滴／杯。

5. 丙酮。

四、分析步驟

1. 將消化袋放入 105±1℃烘箱乾燥小時，取出後秤重，重量 W_1。

2. 將待測樣品於精密天平秤重，重量 W_2（約 0.5-1.0 g），放進消化袋。

3. 將玻璃隔片管套進消化袋中，並放入旋轉樣品架中。

4. 去油脂：取 100 mL 石油醚，將旋轉樣品架浸入，上下轉動樣品架 3 次，取出後置於抽氣櫃內（約 2 分鐘）抽氣風乾。

5. 酸洗：取 360 mL 1.25% H_2SO_4 放入燒杯，旋轉樣品架裝上把手後放入燒杯中，轉動旋轉樣品架約 1 分鐘，讓樣品完全浸泡於溶液之中，然後將燒杯放在加熱板上預熱（約 5 分鐘），將加熱板功率調至最大（約 3-5 分鐘）直到沸騰，然後將加熱板功率調低，慢慢煮沸（約 30 分鐘）。將燒杯從加熱板取下，裝上把手，取出旋轉樣品架。

6. 用沸騰之蒸餾水清洗 3 次，將酸及可溶性物質洗掉。

7. 鹼洗：取 360 mL 之 1.25% NaOH 放入燒杯，轉動旋轉樣品架約 1 分鐘，讓樣品完全浸泡於溶液之中，然後將燒杯放在加熱板上預熱（約 5 分鐘），將加熱板功率調至最大（約 3-5 分鐘）直到沸騰，然後將加熱板功率調低，慢慢煮沸（約 30 分鐘）。將燒杯從加熱板取下，裝上把手，取出旋轉樣品架。

8. 用沸騰之蒸餾水清洗 3 次，將鹼及可溶性物質洗掉，用 pH 試紙測試是否清洗乾淨，然後用紙巾將消化袋吸乾。

9. 消化袋乾燥：將消化袋從旋轉樣品架取下，放入坩堝（此時坩堝需於 600℃ 灰化爐預灰化並秤重，重量 W_4），然後將坩堝放入 105℃ 烘箱烘乾整夜後秤重，重量 W_3。

10. 灰化樣品：將乾燥後樣品放入 600℃ 灰化爐至少 4 小時，取出後放入乾燥箱冷卻，秤重，重量 W_5。

11. 空消化袋預先於 600℃ 灰化爐至少 4 小時灰化後稱重，重量 D。

12. 計算：（對照圖 2-4 粗纖維測定流程）

$$粗纖維（\%）= \frac{[W_3 - W_1 - (W_5 - W_4 - D)] \times 100\%}{W_2 \times DM\%}$$

五、注意事項

1. 飼料樣品磨得很細時，會稍為降低粗纖維 %。

2. 樣品含粗脂肪低於 1%，就不必抽脂後才測粗纖維。

3. 依據 Weende 之分析，飼料中無法被硫酸溶液及氫氧化鈉溶液分解而溶解之碳水化合物，稱為粗纖維。

4. 此方法在分析過程中，有部分木質素可溶解於鹼液中，使測定的粗纖維含量偏低，同時高估無氮抽出物。由於木質素難以被反芻動物消化，因而粗纖維分析結果可能會高估芻料之能量值。

5. 可以另行測定灰分後，將數值帶入（$W_5 - W_4 - D$）。

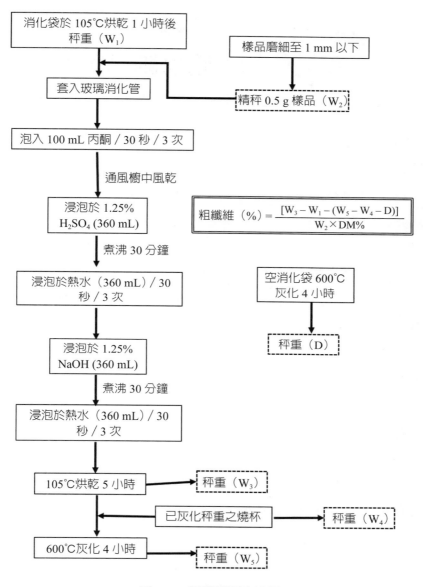

圖 2-4　粗纖維測定流程

組別：　　　　　實驗日期：　　　　學號：　　　　　姓名：

實驗報告：粗纖維測定

樣品一

　　　空消化袋重（W_1）：_____g

　　　樣品重量（W_2）：_____g

　　　乾物質含量（DM%）：_____%

　　　樣品經消化及乾燥後重量（W_3）：_____g

　　　空燒杯灰化後重量（W_4）：_____g

　　　樣品灰化殘餘物重量（含燒杯重）（W_5）：_____g

　　　粗纖維 (%) = {[$W_3 - W_1 - (W_5 - W_4 - D)*$]×100%}/($W_2$×DM%)

　　　粗纖維 (%)：_____%

樣品二

　　　空消化袋重（W_1）：_____g

　　　樣品重量（W_2）：_____g

　　　乾物質含量（DM%）：_____%

　　　樣品經消化及乾燥後重量（W_3）：_____g

　　　空燒杯灰化後重量（W_4）：_____g

　　　樣品灰化殘餘物重量（含燒杯重）（W_5）：_____g

　　　粗纖維 (%)：_____%

*($W_5 - W_4 - D$) 可以另外測灰分，帶入數值取代之。

06. 灰分與無氮抽出物測定

一、原理

　　飼料樣品在 600℃ 情況下，燒掉所有的有機物，剩下的無機物，即為灰分。有些礦物質，如碘、硒、砷等，在高溫時，形成揮發性物質揮發掉。若要測定這類礦物質時，在灰化前要加入這類礦物質的固定劑，以防止燃燒時的損失。這種方式的灰化法，稱為乾式灰分測定法。另外有一種溼式灰分測定法，就是先用濃硝酸來氧化飼料中的大部分有機物，然後再用過氯酸使未氧化的有機物完全氧化，這種方法即溼式灰分測定法。

　　乾式灰分測定法由於樣品前處理容易，操作過程簡單，因此可以同時檢驗多量的樣品，但分析所需時間較長，而且使用灰化的溫度較高，對於部分無機物的破壞較大，因此不適合使用於微量元素分析的前處理。與乾式灰分測定法比較，溼式灰分測定法則使用較低的灰化溫度，因此對無機物的破壞較小，適合使用於分析微量元素，但是其操作過程較為複雜，因此較不易同時處理多種樣品。

二、設備

1. 磁坩堝：新的磁坩堝使用前，先在 600℃ 處理 4 小時。若使用過的磁坩堝怕不乾淨，先用 3 N HCl 煮 20 分鐘，再用蒸餾水洗淨。
2. 灰化爐。
3. 長夾。
4. 乾燥器。
5. 天平。

三、測定步驟

1. 磁坩堝洗淨後，移到 600℃ 灰化爐先灰化 1 小時，取出放在乾燥器中冷卻 45-60 分鐘，秤重。

2. 坩堝秤重後需記錄號碼，並找尋合適之坩堝蓋。

3. 秤 1.0 g 左右的飼料樣品於坩堝中，秤重後移入灰化爐中，定溫 600℃。加熱使爐溫從室溫上升到 600℃，至少維持 4-6 小時。然後降溫到 150-200℃ 時，從灰化爐取出已灰化坩堝置於乾燥器中冷卻至室溫（約 50 分鐘），秤重。

4. 若發現坩堝中飼料灰化不完全，有黑色碳粒存在時，必須重新灰化一直到無黑色碳粒存在，全部呈白色或灰白色爲止。

5. 計算

$$灰分（\%）= \frac{（含灰分坩堝重 - 空坩堝重）\times 100\%}{飼料樣品重 \times DM\%}$$

6. 保留此灰分樣品來測定鹽酸不溶物、鈣及磷。

四、注意事項

1. 飼料樣品直接加熱 600℃ 與飼料樣品逐漸升高溫度至 600℃，兩者之灰分相同，但前者較省時，而後者操作方便。

2. 飼料樣品加熱灰化時，坩堝一定要蓋，否則加熱過程中，部分飼料爆裂跳開，影響灰分的正確性。

3. 坩堝從 600℃ 移到乾燥器中冷卻以後，乾燥器不易打開。直接從 600℃ 放入乾燥器中的坩堝數較多時，乾燥器的玻璃可能受不了高熱而裂開，因此建議先降溫後，再放入。

4. 飼料樣品中含水分過高時，先在 100℃ 中烘箱烘乾後，再灰化。飼料樣品中脂肪過高，先抽去大部分脂肪，以免油沸騰濺出。樣品是糖時，先在烘箱除去水分，灰化前再加 2-3 滴純橄欖油，以防止過分膨脹或產生過多泡沫。

5. 灰化時的溫度：水果副產物、肉品類、糖類及蔬菜產品，以不超過 525℃為宜；穀物產品、乳產品（不包括奶油，奶油不超過 500℃）、魚及海產物，以不超過 550℃為宜；穀粒及混合飼料，以 600℃為宜。灰化時溫度太高，有些礦物質會揮發或溶解。

6. 坩堝之處理：將坩堝浸泡於足量之 10% 稀鹽酸溶液，加熱煮 2 小時後以蒸餾水洗淨、乾燥，再將坩堝放入灰化爐中，以 600℃以上的溫度強加熱 4 小時。在灰化爐中稍放冷後，移至乾燥器中放冷至室溫，迅速秤量之。再放入灰化爐灼燒 2 小時，秤量，一直到恆重為止。每次使用前需依前述稀酸煮沸的方法，加熱 2 小時後水洗，乾燥至恆重後使用。

7. 灰化完成後，需等到灰化爐溫度降至 250℃以下方可開啟爐門。開啟爐門時要小心，以免空氣流動過快，將坩鍋內的灰分吹走。

8. 熱的坩堝會將乾燥器的空氣加熱而膨脹，以致將乾燥器的蓋子頂開，此時要小心放置以免乾燥器的蓋子滑出摔壞。而當坩堝冷卻後，原本膨脹的空氣又會收縮而形成真空，此時必須利用平移的方式將乾燥器的蓋子慢慢推開，讓空氣緩慢洩入，以免突然的氣流衝入將坩堝衝倒。也可在乾燥器的蓋子上裝上一個磨砂玻璃或橡膠塞子以用來將真空慢慢洩掉。

9. 在一些 A.O.A.C. 分析法中有建議增加幾個操作步驟。例如：若是灰化後仍有碳（黑色）存在時，可在坩堝內滴一些水或 HNO_3，然後再次灰化。如果碳還是存在，例如：高糖分的樣品，則以下列操作步驟處理：
   (1) 將灰分泡於水中。
   (2) 以無灰濾紙過濾：如此可將和灰分所形成的光滑層（類似上釉）給破壞掉。
   (3) 將過濾物乾燥。
   (4) 將濾紙連同乾的過濾物置於灰化爐再次灰化。

10. 其他建議操作步驟：對某些樣品或許是有用，有些則可加速灰化速度。
   (1) 高油脂含量的樣品可在灰化前以測定粗脂肪的操作步驟將樣品的油脂萃出，或是直接將樣品灰化，此時樣品會受熱燃燒，但是在樣品還沒燃燒熄火前不要關閉爐門。例如：肉粉在灰化爐內會形成易燃物，一旦起火燃燒時，若將爐門打開則可加強氧氣供應，使燃燒更完全。

(2) 甘油、酒精和氫可加速灰化。

(3) 一些樣品如果凍可以用棉花混合壓碎，以免灰化時產生潑濺現象。

(4) 鹽分含量高的食品可能需要用分離式的灰化法，先將自己的鹽分以水萃出，再將樣品中水不溶性部分與萃取液（必要時使用坩堝蓋防止潑濺）分開灰化。

(5) 在穀類樣品中添加醋酸鎂的酒精溶液可加速灰化，但此操作需要做空白實驗。

＊無氮抽出物之計算

　　無氮抽出物（Nitrogen-free extract, NFE）主要成分是易消化碳水化合物，諸如糖類及澱粉等。由下式公式計算而得：

$$NFE\,(\%) = 100\% - (\,水分\,\% + 粗蛋白質\,\% + 粗脂肪\,\% + 粗纖維\,\% + 灰分\,\%)$$

組別：　　　　實驗日期：　　　　學號：　　　　姓名：

實驗報告：灰分與無氮抽出物測定

樣品一

灰分測定之坩堝重（W_1）：_____g

灰分測定使用樣品重含坩堝重：_____g

原始灰化前樣品重（W_2）：_____g，乾物質含量（DM%）：_____%

灰分測定後之坩堝總重（W_3）：_____g

樣品中灰分重：_____g

樣品灰分含量 (%)[1]：_____%

樣品無氮抽出物（NFE, %）[2]：_____%

樣品二

灰分測定之坩堝重（W_1）：_____g

灰分測定使用樣品重含坩堝重：_____g

原始灰化前樣品重（W_2）：_____g，乾物質含量（DM%）：_____%

灰分測定後之坩堝總重（W_3）：_____g

樣品中灰分重：_____g

樣品灰分含量 (%)：_____%

樣品無氮抽出物（NFE, %）：_____%

註

1. 樣品中灰分 (%) ＝ $[(W_3 - W_1)/(W_2 \times DM\%)] \times 100\%$

2. 無氮抽出物 (NFE)(%) ＝ 100%－水分 %－粗蛋白質 %－粗脂肪 %－粗纖維 %－灰分 %

＊參考資料

乾式灰化法及溼式分解法於原子吸收光譜分析之前處理

　　利用原子吸收光譜儀分析金屬，需先將樣品分解，主要可分為乾式灰化法及溼式分解法。

一、乾式灰化法

　　將樣品比照飼料之灰化法。將樣品先灰化，再測定之。此法因需較長時間（1夜或1日），在後續原子吸收光譜法中使用較耗時。

二、溼式分解法

　　本法係利用硝酸、過氯酸、過氧化氫及硫酸，進行低溫氧化分解。與乾式灰化法比較，金屬之揮散、吸著，及不溶性矽酸成分之生成及其吸著情形均較少，且分解時間亦快。但是 As、B、Ge、Hg、P、Sb、Se、Sn 等容易揮散，特別是有鹵素共同存在時更為容易。

　　另一方面，氧化劑或氧化補助劑可能造成之汙染必須加以考慮，尤其是如同上述硫酸在實驗室很不容易精製，常含有 Cd、Ni、Zn、Cu、Pb、Hg 等不純物質。因此含有不純物較多之發煙硝酸，發煙硫酸不可使用。又硫酸之採用必須是同一批藥品，最好事先進行空白試驗。氧化補助劑之使用則儘量避免，就是使用也必須減至以往規定量的 1/5-1/10。

　　Pb、As 容易從玻璃容器內溶出而汙染樣品，容器必須使用硼矽酸玻璃之製品。而且該玻璃製品過去的使用狀況必須詳加考慮，因為陳舊之容器會吸著或溶出重金屬，採用溼式分解法時，不論樣品多寡，應同時做空白試驗及添加標準液之試驗，而且氧化劑之添加量須與樣品一致，前處理之方式亦須完全相同。為確認溼式分解法所使用之硫酸及其他氧化劑是否會干擾測定，應該先行空白試驗，確認沒有影響後，方才用以分解樣品。

（一）硝酸—硫酸分解法

　　使用於動植物組織、食品等有機性樣品，動物內臟等最好經冷凍乾燥後再行分解。分解過程為乾燥樣品 2-4 g 或溼樣品 10 g 左右放入硬質分解瓶或硼矽酸玻璃製之燒杯內，慢慢加入 10-40 mL 硝酸（依樣品量決定所需硝酸之量），放置於抽氣櫃內先行分解（最好在前一夜加入硝酸，以利反應進行），待反應停止時，再移至電熱板上慢慢加熱分解。當激烈反應終了，赤褐色煙漸少時，取出放冷，再加入 10-20 mL 硫酸。此時硫酸必須緩慢地添加，避免反應過於劇烈。接著繼續放在電熱板上加熱，直到分解液成暗紅色時，加入 1-2 mL 硝酸使顏色轉淡。如此反覆加熱至有硫酸之白色煙霧出現，樣品亦不再變為褐色時，即為分解完成，可用再製蒸餾水將其定容至一定之體積而做成供試液。

（二）硝酸—過氯酸分解法

此法回收率好且分解速度快，只是容易因乾涸而引起爆炸，因此必須防止樣品在分解過程中乾涸。本法可用來分析脂肪含量少之動植物組織、蛋白質及碳水化合物中之微量金屬，但水銀不適合採用此法。

取約 1-2 g 之乾燥樣品放入分解瓶內，慢慢地加入 25 mL 硝酸（最好在前一夜放置，令其在常溫先進行分解反應）。移至電熱板上緩緩加熱，保持輕微沸騰之溫度約 30 分鐘，冷卻後，加入 15 mL 之 60% 過氯酸，然後再慢慢加熱，使其沸騰，但絕不可使其產生激烈之沸騰。加熱至溶液透明時即為分解完成（約 1 小時）。如果加入過氯酸後亦無法使溶液的暗黑色消失，需再加入少量之硝酸，並繼續加熱至溶液呈透明。但需特別注意，無論如何不能使分解瓶內乾涸，以防爆炸。

（三）硝酸—硫酸過氯酸分解法（水銀之定量法）

為 A.O.A.C. 測定水銀之樣品分解方法，一直廣泛地被採用，為了促進氧化之進行，需加入硒末（Selenium）。本法適用於除去油脂之樣品。

動植物組織切碎後取出 50 g 均質，米則取粒狀 20 g，種子則取 10 g，此等樣品放入分解瓶時，必須再加入純硒末 0.1 g，同時為了防止突沸可加入玻璃球。分解前先接上回流冷卻器，接著由分解瓶之側管慢慢地加入 25 mL 之硝酸—硫酸（1：1）之混合液，前後約需 10 分鐘。等其反應液冷卻後，再追加 10-20 mL 之硝酸，置於加熱包（Mental heater）中緩慢地加熱 30 分鐘。樣品完全被溶解後，則加入 75% 過氯酸 15 mL，並繼續回流加熱 1 小時，至分解液呈無色或淡黃色時即分解完畢。取出供試液前，應待整個裝置冷卻，並用 H_2O 慢慢地清洗冷卻管內壁。洗後則一起沖入分解瓶中與分解液混合。

07. 鹽酸不溶物測定

一、原理

　　飼料中之泥土及沙等物，雖經高溫灰化，仍無法溶解於煮沸的鹽酸溶液中，利用此性質可測定飼料中所夾雜之泥土及沙等物含量。

二、設備

1. 電動天平。
2. 烘箱。
3. 灰化爐。
4. 乾燥器。
5. 通風櫥。

三、藥品及材料用具

1. HCl（1+1）：1 份容量的濃 HCl 與 1 份容量的水混合而成。
2. 濃 HNO_3。
3. 定量無灰濾紙。
4. 250 mL 燒杯。
5. 坩堝。
6. 夾子。
7. 100 mL 量筒。
8. 錶玻璃。
9. 漏斗。

四、測定步驟

1. 將已灰化的飼料，用 HCl（1+1）50 mL 沖洗並移到 250 mL 燒杯中，加水稀釋為 100 mL，加數滴濃 HNO_3 後用錶玻璃蓋著，在通風櫥中加熱板上煮沸 30 分鐘。

2. 用定量無灰濾紙過濾，水洗濾紙後，將濾紙連同殘留物移入坩堝中，置於 130℃ 左右烘箱中烘乾，再移入灰化爐中，600℃ 至少維持 1 小時，然後降溫到 400℃ 左右，移到乾燥器中冷卻 50 分鐘，秤重，其殘餘物就是鹽酸不溶物。

五、計算

$$\text{鹽酸不溶物（\%）} = \frac{（含殘留物坩堝重 - 空坩堝重 - 濾紙灰重）\times 100\%}{樣品重 \times DM\%}$$

六、注意事項

1. 濾液保留於定量瓶中，供測定鈣、磷等之用。

2. 以鹽酸進行煮沸過程時，需注意使其維持在持續沸騰狀態。

3. 濾紙規格與用途可參考：www.e-hsinhsin.com.tw/pdf/toyo%20filter%20paper.PDF。

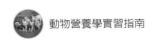
組別：　　　　　實驗日期：　　　　　學號：　　　　　姓名：

實驗報告：鹽酸不溶物測定

樣品一

　　原始灰化前樣品重（W_1）：＿＿＿＿g，乾物質含量（DM%）：＿＿＿＿%

　　酸洗之含殘渣濾紙之燒杯灰化後重（W_2）：＿＿＿＿g

　　乾燥之燒杯重（盛裝烘乾濾紙）（W_3）：＿＿＿＿g

　　濾紙灰分重（W_4）：＿＿＿＿g

　　鹽酸不溶物（AIA）（%）＝ [(W_2 － W_3 － W_4)/(W_1×DM%)] ×100

　　　　　　　　　　＝＿＿＿＿＿＿%

樣品二

　　原始灰化前樣品重（W_1）：＿＿＿＿g，乾物質含量（DM%）：＿＿＿＿%

　　酸洗之含殘渣濾紙之燒杯灰化後重（W_2）：＿＿＿＿g

　　乾燥之燒杯重（盛裝烘乾濾紙）（W_3）：＿＿＿＿g

　　濾紙灰分重（W_4）：＿＿＿＿g

　　鹽酸不溶物（AIA）（%）：＿＿＿＿%

08. 飼料定性檢驗

一、目的

　　飼料定性檢驗提供快速判別飼料原料與摻雜可能性之驗證，可搭配飼料顯微鏡檢查，作為現場飼料驗收品質管制使用。

二、測定步驟

（一）尿素

　　試料數 g 加水 50 mL 抽提 5 分鐘，如溶液有顏色則加少許活性炭粉過濾脫色，濾液加 2 滴酚紅指示劑（Phenol red，0.62% 水溶液），以 0.02 N 硫酸中和至呈黃色，添加生大豆粉（先經乙醚脫脂、風乾）約 1 g，混合放置 5-10 分鐘，如呈現紅色，則表示有尿素存在。

（二）木質素（稻殼、花生殼、木屑末的檢出）

　　試料少量置於磁蒸發皿中，加浸潤程度的苯三酚溶液（2 g 的 Phloroglucinol 溶於 90% 酒精 100 mL），放置數分鐘後，滴入數滴濃鹽酸，如有木質素存在，即呈濃赤色。

（三）澱粉

　　試料約 2 g 置於 100 mL 燒杯中，加水 50 mL，煮沸數分鐘後過濾，濾液滴入數滴碘溶液（碘化鉀 6 g 溶於 100 mL 水中，再加入 2 g 碘溶解之），若有澱粉質存在，即呈藍色。

（四）氨態氮

試料約 2 g 置於 100 mL 三角瓶中，加水 50 mL，攪拌數分鐘後過濾，取濾液約 2 mL 置於磁皿上，滴入 1-2 滴的 Nessler's 試劑，如呈黃色或赤褐色，即有銨離子存在。

Nessler's 試劑：碘化汞 115 g 與碘化鉀 80 g，以水溶成 500 mL，添加 500 mL 之 6 N NaOH，混合均勻、靜置、傾取上澄清液，置於褐色瓶貯存以備後續使用。

（五）尿酸（家禽糞的檢出）

可疑的家禽糞塊狀物置於磁皿上，加濃硝酸 1-2 滴，移至水浴器上蒸乾。若有家禽糞即有尿酸存在，則檢體外圍呈赤褐色，滴下稀氨水時，呈紫色的紫尿酸鐵（Murexide）反應。

（六）甲醛

試料約 2 g 加水 50 mL 及 10 mL 濃硫酸，進行蒸氣蒸餾，取餾出液 1-2 mL 加濃硫酸 3-4 mL 及少許（約 1 耳勺）Chromotropic acid，混合溶解於試管中，加熱 60-70℃，若呈濃紫色即表示有甲醛存在。鱈魚含有微量甲醛。

（七）食鹽

試料 1-2 g 加水 50 mL 溶解浸出，滴入硝酸銀液（2%）1 滴，若生成白色氯化銀沉澱，即表示有食鹽存在。

（八）骨

可疑物浸於鉬酸銨溶液中，若生成黃色沉澱，即表示有骨存在。

鉬酸銨溶液：鉬酸銨粉 150 g 溶於溫水，加比重 1.35 的硝酸 500 mL，攪拌混合後注入於 750 mL 含 600 g 硝酸銨液中，混合放置 24 小時以上，其濾液貯存於褐色瓶備用。

（九）血粉

可疑物以酒精浸潤，加 Luminal 試劑 5 mL，獸血粉能發出強烈青色螢光，約可持續觀察 1 分鐘。若為魚血粉，則加入試劑後雖能發出強烈螢光，但 5 秒鐘左右即行消失；至於雞血粉則不發螢光。

1. Luminal 試劑：Luminal 0.1 g 溶於 0.5% 過氧化鈉液中。另法：將可疑物置於磁皿上，滴入 Dimethylaniline 試劑數滴，出現淡綠色即表示有血粉存在。
2. Dirnethylaniline 試劑：N,N-Dimethylaniline 1 g 與 100 mL 醋酸混合，加 150 mL 水稀釋，使用時本溶液與 3% 雙氧水以 4：1 混合。

（十）鉻（鉻鞣皮革的檢出）

試料粉末（不可用不鏽鋼粉碎機）約 2 g 置於坩堝，加熱完全灰化後加 10% 硫酸 10 mL，滴入數滴 Diphenylcarbazide 液（0.2% 酒精溶液），若呈赤紫色即有鉻存在。

（十一）單寧（單寧鞣革的檢出）

試料約 2 g 加稀鹽酸約 50 mL，加熱至將沸騰為止，冷卻過濾，取濾液 3 mL 於試管，沿管壁緩緩注入濃硫酸 1 mL，若有單寧存在，在檢液與硫酸之界面處有赤褐色環生成。

（十二）黃麴毒素

1. 置 100 g 試料與 300 mL 抽出溶劑（7 份甲醇：3 份水）於均質打碎機，高速打碎 1-3 分鐘以上。
2. 待上液澄清，以 Buchner 漏斗用棉布抽氣過濾，取 80-150 mL 濾液於 500 mL 分液漏斗（註 1）。
3. 加 30 mL 苯於分液漏斗，振搖約 30 秒鐘，加入 200 mL 水，待分離後排棄下層液。
4. 上層液移至燒杯或蒸發瓶，水浴加熱蒸乾（註 2），加 0.5 mL 苯溶解，點少量（50 μg）於濾紙上，待乾後以長波紫外光燈照射。

5. 假如濾紙上無藍色螢光，那麼飼料不含黃麴毒素；若有藍色螢光，則飼料可能含有黃麴毒素（註3）。

註1：假如飼料含高量油脂或大量脂溶性色素，則添加 50 mL 己烷（Hexane）於分液漏斗，激烈振動約 30 秒鐘後加 50-100 mL 水，分離廢棄上層液，繼續進行 3. 程序。

註2：苯萃取物中除黃麴毒素外，有些物質亦產生螢光或遮蔽黃麴毒素的螢光，為防止這類問題，將苯層移入 50 mL 燒杯，杯中置 10 g 無水硫酸鈉與 5 g 鹼式碳酸銅（Basic cupric carbonate, green），緩緩搖動後過濾於 50 mL 蒸發瓶，蒸乾，加 0.5 mL 苯溶解，繼續 4. 程序。

註3：飼料中含有 Ethoxyguin 藥物與經定性試驗為含有黃麴毒素可疑成分者，或含 15 ppb 以下黃趨毒素，而其淡藍色螢光可能被殘留的微量黃色色素所遮蔽者，必須與標準品同時進行薄層層析分析做確認與鑑定。

（十三）羽毛粉

取檢體 1 g 置於錐形燒瓶中，加 50 mL 之 5% NaOH 溶液，煮沸 30 分鐘後，加 100 mL 水，用濾紙（No. 6）濾過之。取此濾液 5-10 mL 置於培養皿，將 2% 醋酸鉛溶液滴下時，如有羽毛粉，則生黑色之沉澱。魚粉中混有羽毛粉（10% 以上）時，可用此法檢出。

（十四）腐敗之核查

1. 本法適用於動物性製品。取試料 5 g 置入 250 mL 之三角瓶中，加入 50 mL 硫酸液（此係 5 mL 濃硫酸加入於 45 mL 蒸餾水中）。次將浸有飽和醋酸鉛溶液之溼濾紙（50×6 mm）左右，垂吊於栓塞上，但注意不要使濾紙觸及硫酸之液面。如此於室溫放置 16 小時。如果試料有腐敗時，濾紙會急速變黑。此項檢查雖不能明確判知其毒性，但如有強烈呈現黑色時，已不適用為飼料。

2. 取試料 5 g 置入 200 mL 之燒杯中，加 50 mL 的冰醋酸與氯仿（30：20，V/V）之混合液，再加入 1 mL 之飽和碘化鉀溶液後，振盪約 1 分鐘，如果水層呈紫色時，則表示有腐敗物之存在。

（十五）礦物油

取 1 mL 之油脂於三角瓶中，加入 KOH 之酒精溶液（KOH 40 g 溶於 95% 酒精 1,000 mL 中）25 mL，在回流冷卻情況下加熱沸騰，時常搖動，使其皂化完全（約需 5 分鐘），加入 25 mL 水混合，如有混濁呈現，即表示有礦物油存在（> 0.5%）。

（十六）其他

利用稀鹽酸、鉬酸銨溶液、鐵氰化鉀溶液或濃硫酸，可簡易測出某些礦物質、鹽類等成分。將通過 40 mesh 標準篩網之顆粒撒開於白色試板上，加入 2 滴試劑於分離之未知顆粒上，然後用 20 倍放大鏡觀察其反應。

1. 0.5 N 鹽酸溶液和所有碳酸鹽類作用均會產生氣泡。

2. 鉬酸銨溶液與碳酸鹽作用會產生氣泡但不會沉澱，若生氣泡且有黃色沉澱，則有磷的存在，如磷酸氫鈣。若產生黃色沉澱，但無氣泡，則爲磷酸鈉鹽類、骨粉等。

3. 10% 鐵氰化鉀溶液與亞鐵鹽會呈藍色反應。

4. 濃硫酸

   (1) 與碳酸鹽反應，則產生氣泡。

   (2) 與氧四環素（Oxytetracycline）反應，呈紅色。

   (3) 與 D- 活性植物固醇類（D-activated plant sterols）反應，呈橘紅色。

   (4) 與四環素 CTC（Chlortetracycline）反應，則先呈紅紫色後褪色。

   (5) 與核黃素（Vitamine B_2）反應，則呈橙棕色。

   (6) 與氯化鋇反應會產生沉澱，但此沉澱物不溶於濃鹽酸。

   (7) 與二苯胺（Diphenyl amine）、硝酸鹽類反應，則呈深藍色。

組別：　　　　　實驗日期：　　　學號：　　　　姓名：

實習報告：飼料定性檢驗

請說明下列飼料中摻雜成分在定性試驗的原理與變化，並說明各種處理程序的使用原因。

1. 尿素

2. 食鹽

3. 澱粉

4. 羽毛粉

09. 鈣測定

A.呈色法

一、原理

O-cresolphthalein complexone 是金屬錯合染劑（Metal complex dye），同時也是酸鹼指示劑，在鹼性條件下與鈣錯合，生成紫紅色錯合物。以 570 nm 之波長測定吸光值，再利用加入 8-hydroxyquinoline 以消除樣品中鎂離子的干擾，與同樣處理的鈣標準液比較即可測得鈣含量。

二、設備及用具

1. 光電比色計。
2. 光電比色管。
3. 定量瓶。
4. 電動天平。
5. 200 μL 和 1,000 μL 微量吸管。

三、藥品

1. Ethanolamine-borate buffer：取 3.6 g Boric acid，以 10 mL 蒸餾水溶解，加 10 mL Ethanolamine 混合至完全溶解，再以 Ethanolamine 定量到 100 mL（於 4℃可保存大約 60 天）。

   ＊ Boric acid 特性：溫度↑，溶解度↑；可溶性於弱酸中，較水中好。

2. O-cresolphthalein complexone solution：取 80 mg 之 O-cresolphthalein complexone

加入 25 mL 蒸餾水中，再加入 0.5 mL 之 1 N NaOH 混合至完全溶解，再加入 0.5 mL Acetic acid，最後以蒸餾水定量到 100 mL（貯存在褐色瓶，室溫可保存 60 天）。

3. 8-hydroxyquinoline solution：取 5.0 g 之 8-hydroxyquinoline，以 95% 之酒精溶解，以酒精定量到 100 mL（貯存在褐色瓶，於 4°C 可保存約 14 天）。

4. Ca 標準貯存液（400 μg/mL）：取 1.0 g 已烘乾精秤之 $CaCO_3$，以少量 0.5 N HCl 溶解之（約 10 mL），再以蒸餾水定量到 100 mL（於 4°C 可保存大約 60 天）。

5. Ca 操作液（10 μg/mL）：取 2.5 mL 之 Ca 貯存液以蒸餾水定量到 100 mL（於 4°C 可保存大約 14 天）。

6. 呈色液（使用前配製，可保存 1 天）：取 2.5 mL 之 Ethanolamine-borate buffer + 750 μL 之 8-hydroxyquinoline solution +2.5 mL 之 O-cresolphthalein complexone solution 混合後以蒸餾水定量到 50 mL。

四、測定步驟

1. 呈色：以 200 μL 各濃度之標準液，加入 1,000 μL 之呈色液混合均勻，反應 15 分鐘後，在 570 nm 波長下測定溶液吸光值，建立回歸曲線。
2. Ca 標準曲線建立
   (1) 標準曲線（表 2-3）

表 2-3　Ca 標準曲線

Ca 操作液（10 μg/mL）（mL）	ddH₂O（mL）	Ca 濃度（μg/mL）
0.25	0.75	2.5
0.20	0.80	2.0
0.15	0.85	1.5
0.10	0.90	1.0
0.05	0.95	0.5
0	1.00	0

(2) 光電比色計於使用前 30 分鐘開電源預熱，將波長調為 570 nm。

(3) 光電比色試管使用前用水洗一次，再用測試液沖一次，然後裝測試液。

(4) 以空白液調整光電比色計吸光值進行歸零，再分別測出含 0、0.5、1.0、1.5、2.0 及 2.5 μg/mL 操作液的吸光值。測試時由濃度低者往濃度高者進行。

(5) 以濃度為 X 軸，吸光值為 Y 軸，畫出標準曲線並計算相關係數。

3. 測定樣品之 Ca 濃度

(1) 鹽酸不溶物的濾液放入 250 mL 定量瓶中，加水稀釋至 250 mL 混合均勻。

(2) 樣品經適當稀釋後（使 Ca 之含量介於 0-2.5 mg/mL），取 200 μL 樣品液，加入 1,000 μL 呈色劑進行呈色測定。由樣品吸光值對照標準曲線，計算樣品之 Ca 濃度。

五、注意事項

1. 所有容器均先用 0.5 N 之 HCl 洗滌潤溼後備用。

2. O-cresolphthalein complexone solution 及 8-hydroxyquinoline solution 須保存至褐色瓶內。

組別：　　　　　實驗日期：　　　　　學號：　　　　　姓名：

實習報告：鈣測定（呈色法）

試驗結果

1. 樣品一重量：＿＿＿＿g，乾物質：＿＿＿＿g ＝ ＿＿＿＿mg

   取出分析使用之濾液量：＿＿＿＿mL

2. 樣品二重量：＿＿＿＿g，乾物質：＿＿＿＿g ＝ ＿＿＿＿mg

   取出分析使用之濾液量：＿＿＿＿mL

3. 標準曲線

   標準液原液濃度：＿＿＿＿ppm

Ca 原液體積（mL）	ddH$_2$O（mL）	標準品濃度（μg/mL）（X）	吸光值（Y）

   檢量線直線回歸式：Y = aX+b

   （請貼上 EXCEL 之回歸線計算圖於背面）

   Y = ＿＿＿＿X+＿＿＿＿，R^2 = ＿＿＿＿

4. 樣品鈣含量測定結果

樣品	稀釋倍數	吸光值（A 570 nm）	對應 Ca 含量（μg/mL）	Ca（%）

   Ca (%) ＝{[樣品中含 Ca 量 ×100 (mL)] / 樣品乾物質重 (mg)}×100%

B. 容量法

一、原理

利用草酸根與鈣離子結合成草酸鈣沉澱，濾出沉澱的草酸鈣後，再使草酸鈣解離，然後利用高錳酸鉀滴定草酸根含量，利用此關係計算鈣含量。主要反應式如下：

$Ca^{2+} + C_2O_4^{2-} \rightarrow CaC_2O_4$

$CaC_2O_4 + 2H^+ \rightarrow Ca^{2+} + H_2C_2O_4$

$2MnO_4^- + 5\ H_2C_2O_4 + 6H^+ \rightarrow Mn^{2+} + 10CO_2 + 8H_2O$

＊依照滴定之化學式，Ca^{2+} 與 MnO_4^- 反應平衡時係數比例為 5：2（比值為 2.5）。

二、設備及用具

1. 電動天平。

2. 電熱板。

3. 50 mL 褐色定量滴定管。

4. 20 mL 或 10 mL 定量吸管。

5. 溫度計。

6. 600 mL 及 250 mL 燒杯。

7. 安全吸球。

8. 250 mL 定量瓶。

9. 通風櫥。

10. 漏斗。

三、藥品

1. HCl（1+3）。

2. 濃 HNO$_3$。

3. 甲基紅（Methyl red）。

4. NH$_4$OH（1+1）。

5. NH$_4$OH（1+50）。

6. 標準化 0.02 N KMnO$_4$

(1) 秤 3.2 g KMnO$_4$ 溶於去離子水後，定量到 1,000 mL，倒入褐色玻璃瓶貯存。

(2) 標準級 Na$_2$C$_2$O$_4$ 在 105℃烘箱烘乾 1 小時，移到乾燥器中冷卻，秤取 0.3g Na$_2$C$_2$O$_4$ 放入 600 mL 燒杯中，加入 250 mL 已煮沸 10-15 分鐘的 H$_2$SO$_4$（5+95），攪拌至 Na$_2$C$_2$O$_4$ 完全溶解，讓此溶液降溫至 27-30℃，再加熱使溫度上升到 55-60℃並保持此溫度，用 0.1 N KMnO$_4$ 溶液滴定 Na$_2$C$_2$O$_4$ 溶液，速度每分鐘25-35mL，滴定至溶液出現粉紅色，粉紅色維持至 30 秒消失為終止。

$$KMnO_4 \ (N) = [Na_2C_2O_4 \ (g) \times 1,000]/[\ KMnO_4 \ (mL) \times 66.999]$$

7. 濃 H$_2$SO$_4$。

8. H$_2$SO$_4$（5+95）。

9. 飽和 (NH$_4$)$_2$C$_2$O$_4$（4.2%）：4.2 g 之 (NH$_4$)$_2$C$_2$O$_4$ 溶於 100 mL 水中。

10. 無灰定量濾紙。

四、測定步驟

1. 鹽酸不溶物的濾液放入 250 mL 定量瓶中，加水稀釋至 250 mL 混合均勻。

2. 從 250 mL 定量瓶中吸 A mL（約 20-60 mL，含 Ca 約 20 mg）溶液至 250 mL 燒杯，稀釋至 100 mL 後，加 2 滴甲基紅指示劑，在通風櫥滴加 NH$_4$OH（1+1）至液體呈橙色（此時 pH 值約 5.6）。

3. 若 NH$_4$OH 加過量時，滴加 HCl（1+3）至橙色，再加 2 滴 HCl（1+3）溶液，至

顏色變成粉紅色（pH 值 2.5-3.0），加水稀釋至 150 mL，加熱煮沸。煮沸後一邊攪拌，一邊慢慢加入熱的飽和 $(NH_4)_2C_2O_4$ 10 mL，若紅色變為橙色或黃色，再滴加 HCl（1+3）至變紅色為止。完成後停止加熱，讓溶液冷卻。

4. 靜置 24 小時，使鈣離子與草酸根結合成草酸鈣，完全沉澱，然後用測鈣定量濾紙過濾，再用 NH_4OH（1+ 50）澈底洗去沉澱物及濾紙中草酸根（約需沖洗 6-8 次），最後將濾紙及其沉澱物移至原來燒杯中。

5. 加入 125 mL 水及 5 mL 之 20% H_2SO_4 後，加熱使溫度維持在 70℃ 左右，用 0.02 N $KMnO_4$ 滴定至溶液出現微粉紅色，即為終點，記錄 0.02 N $KMnO_4$ 之滴定用量（A mL）。因濾紙之存在，會使顏色在數秒內褪色。需做空白試驗，矯正影響值。

6. 以去離子水取代樣品液，進行空白試驗，記錄 0.02 N $KMnO_4$ 之滴定用量（B mL）。

五、計算

$$Ca\,(\%) = \frac{(A-B) \times C \times 40 \times 2.5}{W \times DM\%} \times \frac{250}{V} \times 100\%$$

Ca：樣品中 Ca 含量（%）。

A：樣品滴定使用之 0.02 N $KMnO_4$ 使用 mL 數。

B：空白試驗滴定使用之 0.02 N $KMnO_4$ 使用 mL 數。

C：滴定使用的 0.02 N $KMnO_4$ 之精確濃度（N）。

W：樣品重量（mg）。

V：由 250 mL 定量後樣品濾液吸取進行測定的容積（mL）。

六、注意事項

1. 飼料樣品要灰化完全，沒有黑碳粒存在。

2. 注意鈣沉澱時的 pH 值，才能使鈣沉澱完全。

3. 使用 NH_4OH（1+50）洗沉澱物時，要洗淨游離草酸根（$C_2O_4^{-2}$）。

4. 含沉澱物濾紙放回原燒杯後，加 125 mL 水，再加 H_2SO_4 時，不可直接接觸到濾紙，否則溶液變黑，無法判定滴定終點。

5. 高錳酸鉀滴定草酸銨時，開始作用很慢，不久就會迅速作用。

6. 為使鈣離子與草酸根結合成草酸鈣沉澱完全，所以靜置 24 小時。若需快速沉澱，可於沸水中水浴 1 小時加速沉澱。

組別：　　　　實驗日期：　　　　學號：　　　　姓名：

實習報告：鈣測定（容量法）

試驗結果

1. 樣品一重量：_____g，乾物質：_____g ＝ _____mg

　　樣品二重量：_____g，乾物質：_____g ＝ _____mg

2. 過錳酸鉀標定

　　使用 $Na_2C_2O_4$：_____g

　　$KMnO_4$ 滴定量：_____mL

　　$KMnO_4$ 濃度：_____N

3. 鈣含量測定

　　樣品一

　　　　使用 $KMnO_4$ 滴定量：(1) _____mL

　　　　　　　　　　　　　　　(2) _____mL

　　　　　　　　　　　　　　　(3) _____mL

$$Ca\% = \frac{(A-B) \times C \times 40 \times 2.5}{W \times DM\%} \times \frac{250}{V} \times 100\%$$

　　　鈣濃度：_____%

　　樣品二

　　　　使用 $KMnO_4$ 滴定量：(1) _____mL

　　　　　　　　　　　　　　　(2) _____mL

　　　　　　　　　　　　　　　(3) _____mL

　　　鈣濃度：_____%

C. 原子吸光分光儀測定法

一、儀器

原子吸光分光儀須具備下表 2-4 規定之操作參數（Operating parameters），且須配備分析鈣用之陰極燈管（Ca-hollow cathode lamp）、電流、Slit 之設定，視各廠牌儀器之規定而設。

表 2-4　原子吸光分光儀操作參數

波長（nm）	火焰	測定範圍（ppm）	備註
422.7	空氣─乙炔	2-20	需加入 1,500 ppm La-1% HCl
422.7	笑氣─乙炔	1-5	需用特別火焰噴頭（Burner）

二、藥品

1. 鈣標準貯存原液之配製（1,000 ppm Ca）：以少量 3 N 鹽酸溶解 2.497 g 碳酸鈣（$CaCO_3$）（層析用級），稀釋至 1 L。

2. 測定鈣標準液（0、5、10、15、20 ppm）：吸取上述 1,000 ppm 鈣標準原液 5 mL 稀釋至 100 mL，此即為 50 ppm 鈣標準液，分別吸取 0、5、10、15、20 mL 之 50 ppm 鈣標準液於 50 mL 之定量瓶中，各加入 1.5 mL 鑭原液（50,000 ppm）後，分別以 0.1 N 鹽酸稀釋至 50 mL。

3. 鑭原液（50,000 ppm La）：秤取 15.58 g $La(NO_3)_3 \cdot 6H_2O$（GR 級）於定量瓶中加水溶解後，稀釋為 100 mL。

三、樣品溶液之製備

1. 乾式灰化法

   (1) 秤取樣品 2-10 g 於 50 mL 坩堝中,先置於電爐上焦化後,再移置高溫爐逐步提升至 550±250℃,灰化至無炭黑為止,冷卻後加入 25 mL 之 3 N 鹽酸,以錶玻璃覆蓋煮沸 10 分鐘後過濾至 100 mL 定量瓶中,加水稀釋至刻度。

   (2) 為使測定之溶液在測定範圍內,而需更進一步稀釋時,取量後以 0.1 N 鹽酸稀釋至定量,每一待測之溶液內均需含有 1,500 ppm La。

2. 溼式灰化法

   (1) 秤取樣品 2.5 g 於 100 mL 分解燒瓶中。

   (2) 加入 25 mL 之濃硝酸置分解瓶於電熱板中,溫和煮沸 30-45 分鐘,使易氧化之物質全部氧化。

   (3) 稍微冷卻後,加入 10 mL 70-72% 過氯酸輕微煮沸,應注意勿使蒸乾,煮沸至溶液呈無色,或接近無色且有濃密白煙產生。

   (4) 稍冷卻,加入 50 mL 水煮沸以驅走剩餘之二氧化氮煙霧。

   (5) 冷卻過濾至 100 mL 量瓶中再加水稀釋至刻度,混合均勻。

   (6) 為使待測溶液達到測定範圍內,而需進一步稀釋時,則取量後,以 0.1 N 鹽酸稀釋至定量,每一待分析之溶液內均需含有 1,500 ppm La。

四、測定步驟

1. 調整儀器之波長、陰極燈管、火焰噴頭之適當位置及火焰之強度。
2. 每測定 6-12 個樣品溶液前後均應測定 4 種以上標準液,以為校正。
3. 每測定一次溶液,應以蒸餾水吸入以沖洗火焰噴頭使吸收點歸零。
4. 以每次樣品前後所測得標準液吸收率之平均值,繪製標準曲線圈,以濃度(ppm)為 X 軸,吸收度為 Y 軸。
5. 由標準曲線圖查出測定樣品溶液的濃度。

五、計算

設 W g 樣品（乾物質重）灰化後，配成 100 mL，稱之為樣品原液。

測定樣品液：係樣品原液稀釋 D 倍者。

測定樣品液測得之鈣離子濃度為 A ppm。

$$Ca\,(\%) = [(A \times D)/(10 \times W \times 1000)] \times 100\% = (A \times D)/(100 \times W)$$

10. 磷測定

一、原理

（一）比色法

磷化合物在適當的酸性條件下，與 Molybdate 和 Vanadate 作用而產生橘黃色的 Molybdo-vanado-phosphate complex，以顏色濃度表示磷含量。其最大吸光在波長 330 nm，但在 400-480 nm 間，以單一波長光線測定，可得滿意的結果。鹽酸、硫酸、醋酸及檸檬酸之存在，不影響其呈色。

（二）容量法

磷化合物在適當條件下，與鉬酸銨作用形成黃色沉澱物 $(NH_4)_3PO_4 \cdot 12MoO_3$，再利用已知濃度的 NaOH 溶液來溶解沉澱物，最後用已知濃度 HCl 或 H_2SO_4 溶液滴定過量的 NaOH 溶液，求得溶解 $(NH_4)_3PO_4 \cdot 12MoO_3$ 的 NaOH 精確用量。

主要化學反應式如下：

$$HPO_4^{2-} + 12MoO_4^{2-} + 23H^+ + 3NH_4^+ \rightarrow (NH_4)_3PO_4 \cdot 12MoO_3 + 12H_2O$$

$$(NH_4)_3PO_4 \cdot 12MoO_3 + 23OH^- \rightarrow 12Mo^{2-} + 3NH_4^+ + HPO_4^{2-} + 11H_2O$$

二、比色法操作設備及用具

1. 光電比色計。
2. 光電比色試管。
3. 定量瓶。
4. 半對數紙／方格紙。
5. 安全吸球。

三、藥品

1. Molybdovanadate reagent

    (1) 秤取 40 g Ammonium molybdate〔$(NH_4)_3Mo_7O_{24} \cdot 4H_2O$〕溶於 400 mL 熱水中，冷卻。

    (2) 取 2 g Ammonium vanadate（NH_4VO_3）溶於 250 mL 熱水中，冷卻後，加入 250 mL 之 70% $HClO_4$，攪拌均勻後，慢慢地將 Ammonium molybdate (1) 溶液倒入 Ammonium vanadate (2) 溶液中，攪拌中加水稀釋至 2 L。

2. HCl（1+3）。

3. 濃 HNO_3。

4. 磷的標準溶液

    (1) 原貯存液（2 mg/mL）：標準級 KH_2PO_4 在 105℃烘 2 小時，移到乾燥器中冷卻後，精秤 8.788 g 溶於 400 mL 水中，以定量瓶稀釋到 1 L，混合均勻。

    (2) 操作液（0.1 mg/mL）：以定量吸管吸取原貯存液 50 mL 注入 1 L 定量瓶中，加水稀釋到 1 L，混合均勻。

四、測定步驟

1. 標準曲線製作

    (1) 吸取操作液 5、7、9、11、13 及 15 mL（分別含磷 0.5、0.7、0.9、1.1、1.3 及 1.5 mg）分別注入 100 mL 定量瓶中，再分別加入 20 mL 之 Molybdovanadate 溶液，用水稀釋到 100 mL，混合均勻後，靜置 10 分鐘，使作用完全。

    (2) 光電比色計於使用前 30 分鐘開電源預熱，將波長調爲 400 nm。

    (3) 光電比色試管使用前用水洗一次，再用測試液沖一次，然後裝測試液。

    (4) 以空白液調整光電比色計吸光值進行歸零，再分別測出含 5、7、9、11、13 及 15 mL 操作液的吸光值。測試時由濃度低者往濃度高者進行。

    (5) 以濃度爲 X 軸，吸光值爲 Y 軸，畫出標準曲線並計算相關係數。

2. 樣品測定

(1) 鹽酸不溶物的濾液放入 250 mL 定量瓶中，加水稀釋至 250 mL 混合均勻。用定量吸管吸取適量樣品液 A mL（含 0.7-1.3 mg 磷）注入 100 mL 定量瓶中，再加 20 mL Molybdovanadate reagent 溶液，以水稀釋到 100 mL 混合均勻，靜置 10 分鐘。

(2) 在光電比色計 400 nm 波長下，測樣品溶液吸光值。

(3) 由樣品吸光值對照標準曲線，可得樣品中含磷量 B（mg）。樣品含磷（%）計算如下：

$$P\,(\%) = \{[B\,(mg) \times 100\,(mL)]/[A\,(mL) \times 樣品乾基重\,(mg)]\} \times 100\%$$

五、注意事項

1. 光電比色計試管用完，立刻倒掉，馬上用蒸餾水沖洗，不可用一般試管刷刷洗。
2. 測磷時，若濃度過高，重新測定，不要用水稀釋。
3. Molybdovanadate reagent 必須保存在褐色瓶中。
4. 標準曲線之建立與樣品濃度換算，需仔細考慮稀釋倍數之問題。

組別：＿＿＿＿　　實驗日期：＿＿＿＿　　學號：＿＿＿＿　　姓名：＿＿＿＿

實習報告：磷測定

試驗結果

1. 樣品一重量：＿＿＿＿g，乾物質：＿＿＿＿g

   取出分析使用之濾液量：＿＿＿＿mL

   樣品二重量：＿＿＿＿g，乾物質：＿＿＿＿g

   取出分析使用之濾液量：＿＿＿＿mL。

2. 標準檢量線

   標準液原液濃度：＿＿＿＿ppm

P 原液體積（mL）	加入水量（mL）	標準品濃度（mg/mL）（X）	吸光值（Y）

   檢量線直線回歸式：$Y = aX + b$

   （請貼上 EXCEL 之回歸線計算圖於背面）

   $Y = \underline{\qquad} X + \underline{\qquad}$，$R^2 = \underline{\qquad}$

3. 樣品磷含量測定結果

樣品	稀釋倍數	吸光值（A400 nm）	對應 P 含量（mg/mL）	P（%）

   樣品一磷含量：＿＿＿＿%（平均值及標準偏差）

   樣品二磷含量：＿＿＿＿%

11. 芻料中洗纖維與酸洗纖維分析

一、原理

　　反芻動物比單胃動物更能利用芻料細胞壁中之半纖維素及纖維素，因此用分析粗纖維來評估芻料利用價值是不合理的。Van Soest 方法（圖 2-5）分析芻料，利用中洗液消化芻料，其細胞內容物被溶解，剩下細胞壁不溶解，以後用酸洗液消化細胞壁，半纖維素被溶解，而纖維素及木質素不溶解。最後利用 72% 之 H_2SO_4 消化纖維素，餘下木質素，利用高溫燒掉木質素。此法可分析出芻料中的中洗纖維（細胞壁）、半纖維素、酸洗纖維（纖維素及木質素）及木質素，較為合理。

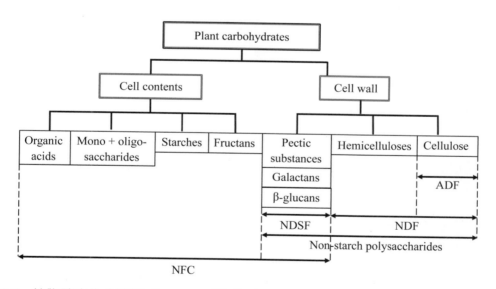

圖 2-5　植物碳水化合物組成。ADF（酸洗纖維）= Acid detergent fiber；β-glucans
（β- 葡聚醣）= (1 → 3) (1 → 4)-β-D-glucans；NDF（中洗纖維）= Neutral
detergent fiber；NDSF（中洗可溶纖維）= Neutral detergent-soluble fiber（包含
所有非中洗纖維的非澱粉多糖）；NFC（非中洗纖維之碳水化合物）= Non-NDF
carbohydrates

（一）中洗纖維（Neutral detergent fiber, NDF）分析法（van Soest et al., 1991）

1. 試劑

    (1) 中洗液配製

        30.0 g sodium lauryl sulfate

        18.6 g EDTA

        6.81 g sodium borate decahydrate

        4.56 g anhydrous Na_2HPO_4

        10 mL 2-ethoxyethanol

        混合後加水至 1 L。

    (2) Na_2SO_3。

    (3) Decalin（消泡劑）。

    (4) 丙酮（Acetone）。

2. 步驟

    (1) 纖維消化袋秤重（W_1）。

    (2) 樣品在 65℃ 以下烘乾，磨細至 20-30 mesh，取 0.5-1 g 樣品（W_2）放入消化袋中。

    (3) 將玻璃隔片管套進消化袋中（確認套到底端），並放入旋轉樣品架中，置入 1 L 纖維分解杯中。

    (4) 360 mL 中洗液 + 1.75 g Na_2SO_3 + 2 mL decalin 於纖維分解杯中迴流加熱。

    (5) 沸騰 30 分鐘後再加 50 mL 中洗液，並加入 0.1 mL 耐熱性 α- 澱粉酶（Heat stableα-amylase, Sigma A3306）。

    (6) 再迴流加熱 30 分鐘。

    (7) 以 90-100℃ 熱水沖洗數次至無泡沫且液體澄清爲止。

    (8) 以丙酮沖洗 2 次。

    (9) 在 100℃ 下烘乾 8 小時以上，冷卻後秤重（W_3）。

    (10) 將樣品連同消化袋放入已預灰秤重之空坩堝（W_4），與裝有空消化袋之坩

　　堝於 600℃ 灰化爐至少 4 小時，取出後放入乾燥器冷卻，秤重（W_5）。

3. 計算

$$NDF\ (\%) = \frac{[(W_3 - W_1) - (W_5 - W_4)] \times 100\%}{W_2 \times DM\%}$$

（二）酸洗纖維（Acid detergent fiber, ADF）分析法（Goering and van Soest, 1970）

1. 試劑

(1) 酸洗液配製：將 20 g Cetyl trimethylammonium bromide（CTAB）加入 1 L 的 1 N H_2SO_4 中。

(2) 丙酮（Acetone）。

2. 步驟

(1) 纖維消化袋秤重（W_1）。

(2) 樣品在 65℃ 以下烘乾，磨細至 20-30 mesh，取 0.5-1 g 樣品（W_2）放入消化袋中。

(3) 將玻璃隔片管套進消化袋中，並放入旋轉樣品架中，置入 1 L 纖維分解杯中。

(4) 360 mL 酸洗液於纖維分解杯中迴流加熱 60 分鐘。

(5) 以玻璃坩堝抽氣過濾。

(6) 先用 90-100℃ 熱水洗至無泡沫，再用丙酮洗至不脫色。

(7) 在 100℃ 下烘乾 8 小時以上，冷卻後秤重（W_3）。

(8) 將樣品連同消化袋放入已預灰秤重之空坩堝（W_4），與裝有空消化袋之坩堝於 600℃ 灰化爐至少 4 小時，取出後放入乾燥器冷卻，秤重（W_5）。

3. 計算

$$ADF\ (\%) = \frac{[(W_3 - W_1) - (W_5 - W_4)] \times 100\%}{W_2 \times DM\%}$$

二、附註

1. 目前課程試驗以消化袋法進行中洗與酸洗纖維分析，操作步驟同「實驗 05. 粗纖維測定」。但消化用試劑換爲中洗液及酸洗液一次消化，不需進行酸液與鹼液之替換。消化完成後依照本實驗後續熱水與丙酮清洗步驟進行消化袋清洗。

2. 中洗纖維與酸洗纖維可連續測定，中洗纖維測定完成後之殘餘物烘乾秤重後，可再接續使用於酸洗纖維與酸洗木質素分析，但須注意其酸洗纖維數值低估之問題。若需取得較準確之酸洗纖維及酸洗木質素數據，中洗纖維與酸洗纖維應採分別測定較佳。

3. $(W_5 - W_4)$ 爲樣品的灰分重，可以「實習 06. 灰分與無氮抽出物測定」的數據帶入。

組別：　　　　實驗日期：　　　　學號：　　　　姓名：

實習報告：芻料中洗纖維與酸洗纖維分析

一、中洗纖維試驗結果

樣品一

　　消化袋原始烘乾後重量（W_1）：＿＿＿＿g

　　樣品重量（W_2）：＿＿＿＿g，乾物質：＿＿＿＿g

　　中洗液作用再經烘乾後消化袋重（W_3）：＿＿＿＿g

　　空坩堝重（W_4）：＿＿＿＿g

　　灰化後坩堝重（W_5）：＿＿＿＿g

　　NDF (%)：＿＿＿＿%

樣品二

　　消化袋原始烘乾後重量（W_1）：＿＿＿＿g

　　樣品重量（W_2）：＿＿＿＿g，乾物質：＿＿＿＿g

　　中洗液作用再經烘乾後消化袋重（W_3）：＿＿＿＿g

　　空坩堝重（W_4）：＿＿＿＿g

　　灰化後坩堝重（W_5）：＿＿＿＿g

　　NDF (%)：＿＿＿＿%

$$NDF\ (\%) = \frac{[(W_3 - W_1) - (W_5 - W_4)] \times 100}{W_2 \times DM\%}$$

（請寫出詳細計算過程）

二、酸洗纖維試驗結果

樣品一

消化袋原始烘乾後重量（W_1）：_____g

樣品重量（W_2）：_____g，乾物質：_____g

酸洗液作用再經烘乾後消化袋重（W_3）：_____g

空坩堝重（W_4）：_____g

灰化後坩堝重（W_5）：_____g

ADF (%)：_____%

樣品二

消化袋原始烘乾後重量（W_1）：_____g

樣品重量（W_2）：_____g，乾物質：_____g

酸洗液作用再經烘乾後消化袋重（W_3）：_____g

空坩堝重（W_4）：_____g

灰化後坩堝重（W_5）：_____g

ADF (%)：_____%

$$ADF\ (\%) = \frac{[(W_3 - W_1) - (W_5 - W_4)] \times 100}{W_2 \times DM\%}$$

（請寫出詳細計算過程）

12. 單胃動物體外消化分析

一、目的

　　利用模擬消化道酶與酸鹼生理環境，進行動物飼糧或飼料原料之評估，以達到降低試驗成本與加快評估速度之目的，本試驗以模擬豬消化流程進行操作。

二、原理

　　體外（in vitro）評估法與一般動物飼養試驗相比，具有簡單、經濟並可多次重複測定之優點。體外消化主要模擬動物胃部與腸道之消化環境進行評估，目前較常使用兩段式體外消化評估法來模擬動物消化流程。利用鹽酸與胃蛋白酶（Pepsin）模擬胃部消化，再以胰酶（Pancreatin）或利用胰臟蛋白酶（Trypsin/chymotrypsin）加上澱粉分解酶（Amylase）於鹼性緩衝液環境下模擬小腸之消化過程。

三、設備

1. 100 mL 玻璃試管或相近容積之三角錐瓶（含瓶塞）。
2. pH 測定儀。
3. 恆溫振盪培養箱。
4. 濾紙。
5. 過濾漏斗或玻璃過濾器。
6. 烘箱。

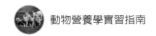
四、藥品

1. 胃蛋白酶：Pepsin（Merck 107190, from porcine gastric mucosa, 2,000 FIP-U/g, EC 3.4.23.1）。
2. 胰酶：Pancreatin（8x USP 8049-47-6, ICN Biomedicals Inc. 或 Merck 107130）。
3. 鹽酸（HCl）：0.1 N。
4. 碳酸氫鈉（NaHCO$_3$）。
5. 磷酸鹽緩衝液（0.2 M Potassium phosphate buffer, pH 6.8）：依照表 2-5 進行配製，並以鹽酸及氫氧化鈉調整其最終 pH 值。
6. 氫氧化鈉：1 N。

五、試驗步驟

1. 飼料原料或待評估樣品準備：樣品先經乾燥磨碎，並過 20 mesh 之篩網（顆粒直徑大小低於 1 mm）。精秤樣品約 1.0 g 放入試管中。
2. 加入 25 mL 之 Pepsin/HCl 溶液（以 0.1 N HCl 溶解 Pepsin，並秤取適量 Pepsin，以調整最終 Pepsin 總活性到 200 FIP）。
3. 於 39℃以 150 rpm 振盪培養 2 小時進行第一階段消化。
4. 加入 0.2 g 之 NaHCO$_3$ 中止 Pepsin 反應，再加入 25 mL 之 Pancreatin 溶液（以 0.2 M 之磷酸鹽緩衝液 25 mL 溶開 500 mg 之 8x USP Pancreatin）。可利用滅菌紗布過濾去除 Pancreatin 溶液中殘留的結締組織雜質。
5. 再於 39℃以 150 rpm 振盪培養 8 小時進行第二階段消化。
6. 結束反應後將液體與內容物均勻混合，再以濾紙配合布氏漏斗（Büchner funnel）進行抽氣過濾，收集殘渣以 105℃烘乾，以分析其乾物質及其他成分含量。濾紙使用需先烘乾秤重。

六、附註

1. 單胃動物體外消化試驗於不同參考文獻中有不同之流程，可依照樣品種類進行選擇使用。模擬家禽消化與豬隻消化於反應時間上有相當大之差異，上述所列試驗程序為模擬豬隻體外消化之操作時間。

2. 進行模擬消化之酵素來源不同時，進行試驗較需注意所使用之酵素最終活性是否相同，添加量不足或過高會導致實驗結果難以比較。

3. 中止 Pepsin 作用時，亦可使用 NaOH 直接中止反應，將反應液之 pH 值調整到 6.8。

4. 利用濾紙過濾消化殘渣時，因消化後顆粒易堵塞濾紙，因此倒入速度不可過快，並分批倒入漏斗中。

5. 酵素活性單位說明

   (1) Pepsin 的 1 FIP 活性定義為 25℃下，以 Haemoglobin 為基質下，每分鐘釋放 1 μmol Tyrosine。

   (2) Pancreatin 的酶包括有 Amylase、Protease 與 Lipase 三種。

   1 USP Amylase 為使用可溶性澱粉為基質時，於 25℃ / pH 6.8 下，每分鐘水解 0.16 μEq Glycosidic linkage。

   I USP Protease 為使用酪蛋白（Casein）為基質時，於 40℃ / pH 7.5 下，每分鐘放出 15 nmol Tyrosine。

   1 USP Lipase 為使用乳化橄欖油為基質時，於 37℃ / pH 9.0 下，每分鐘放出 1.0 μEq 脂肪酸。

七、參考文獻

Boisen, S. 1991. A model for feed evaluation based on in vitro digestible dry matter and protein. In: Fuller, M.F. (Ed.), In Vitro Digestion for Pigs and Poultry. Wallingford, UK, pp.135-145.

Clunies, M., and S. Leeson. 1984. In vitro estimation of dry matter and crude protein

digestibility. Poult. Sci. 67: 78-87.

Cone, J. W., and A. F. B. van der Poel. 1993. Prediction of apparent ileal protein digestibility in pigs with two-step in-vitro method. J. Sci. Food Agric. 62: 393-400.

＊ Potassium phosphate buffer, 0.2 M（表 2-5）

1 M K_2HPO_4：取 174.2 g K_2HPO_4 溶於 1 L 之蒸餾水。

1 M KH_2PO_4：取 136.0 g KH_2PO_4 溶於 1 L 之蒸餾水。

表 2-5　Potassium phosphate buffer, 0.2 M

pH, 25°C	x mL 0.2 M-K_2HPO_4	y mL 0.2 M-KH_2PO_4.
6.0	6.15	43.85
6.2	9.25	40.75
6.4	13.25	36.75
6.6	18.75	31.25
6.8	24.5	25.5
7.0	30.5	19.5
7.2	36.0	14.0
7.4	40.5	9.5

組別：　　　　　實驗日期：　　　　學號：　　　　　姓名：

實習報告：單胃動物體外消化分析

試驗結果

樣品一

　　秤取之試驗樣品重量：＿＿＿＿g；乾物質重量（A）：＿＿＿＿g

　　回收樣品使用之濾紙烘乾後空重（B）：＿＿＿＿g

　　添加之 Pepsin 重量：＿＿＿＿mg；活性：＿＿＿＿；Pepsin 溶液添加量：＿＿＿＿mL

　　添加之 Pancreatin 重量：＿＿＿＿mg；活性：＿＿＿＿；Pancreatin 溶液添加量：＿＿＿＿mL

　　過濾後回收樣品濾紙烘乾後重（C）：＿＿＿＿g

　　體外消化之乾物質消化率：＿＿＿＿%

　　消化率（%）＝ $\dfrac{[A-(C-B)]\times 100\%}{A}$ ＝＿＿＿＿%

樣品二

　　秤取之試驗樣品重量：＿＿＿＿g；乾物質重量（A）：＿＿＿＿g

　　回收樣品使用之濾紙烘乾後空重（B）：＿＿＿＿g

　　添加之 Pepsin 重量：＿＿＿＿mg；活性：＿＿＿＿；Pepsin 溶液添加量：＿＿＿＿mL

　　添加之 Pancreatin 重量：＿＿＿＿mg；活性：＿＿＿＿；Pancreatin 溶液添加量：＿＿＿＿mL

　　過濾後回收樣品濾紙烘乾後重（C）：＿＿＿＿g

　　體外消化之乾物質消化率：＿＿＿＿%

國家圖書館出版品預行編目(CIP)資料

動物營養學實習指南／陳靜宜，王翰聰，林原
佑編著. -- 初版. -- 臺北市：五南圖書出
版股份有限公司, 2023.10
面；　公分
ISBN 978-626-366-440-1(平裝)

1.CST: 動物營養學

437.114   112012794

5N60

動物營養學實習指南

作　　　者 — 陳靜宜、王翰聰、林原佑

發 行 人 — 楊榮川

總 經 理 — 楊士清

總 編 輯 — 楊秀麗

副總編輯 — 李貴年

責任編輯 — 何富珊

封面設計 — 姚孝慈

出 版 者 — 五南圖書出版股份有限公司

地　　　址：106台北市大安區和平東路二段339號4樓

電　　　話：(02)2705-5066　　傳　　真：(02)2706-6100

網　　　址：https://www.wunan.com.tw

電子郵件：wunan@wunan.com.tw

劃撥帳號：01068953

戶　　　名：五南圖書出版股份有限公司

法律顧問　林勝安律師

出版日期　2023年10月初版一刷

定　　　價　新臺幣280元

經典永恆・名著常在

五十週年的獻禮 —— 經典名著文庫

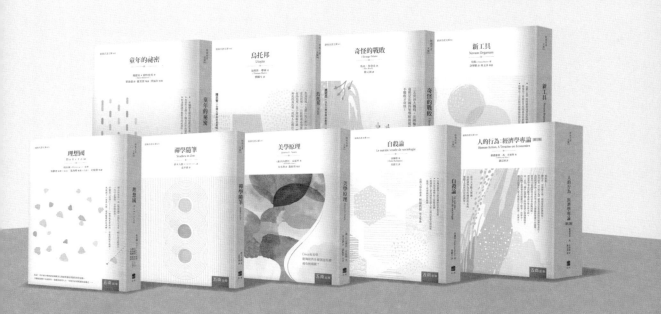

五南，五十年了，半個世紀，人生旅程的一大半，走過來了。

思索著，邁向百年的未來歷程，能為知識界、文化學術界作些什麼？

在速食文化的生態下，有什麼值得讓人雋永品味的？

歷代經典・當今名著，經過時間的洗禮，千錘百鍊，流傳至今，光芒耀人；

不僅使我們能領悟前人的智慧，同時也增深加廣我們思考的深度與視野。

我們決心投入巨資，有計畫的系統梳選，成立「經典名著文庫」，

希望收入古今中外思想性的、充滿睿智與獨見的經典、名著。

這是一項理想性的、永續性的巨大出版工程。

不在意讀者的眾寡，只考慮它的學術價值，力求完整展現先哲思想的軌跡；

為知識界開啟一片智慧之窗，營造一座百花綻放的世界文明公園，

任君邀遊、取菁吸蜜、嘉惠學子！